這本書謹獻給

準備進入職場學習的你，

為職位升級提高戰力的你，

預約成功領導品牌的你；

以及～

期待看到更好的自己的你。

穿對更成功

38堂形象美學課 讓你工作無往不利

陳麗卿◎著

迎接美力時代

夏韻芬（中廣理財生活通主持人・財經專業作家）

近幾年，美麗已經成為一股新的力量，網路的銷售中，女性時尚衣著總是充滿商機；百貨公司週年慶，主要銷售集中在女性化妝品；許多醫生轉行醫療美容，為的也是眾家愛美女性。美麗已經是一股新的勢力、新的能力！

過去有職場大師指出，人要有三種能力：活下去的能力、賺錢的能力、發光的能力。如何讓自己發光？顯然「外貌協會」並非無的放矢，我見過商場大老闆毫不遮掩「禿頭大胖子」的外在，看過美麗女主播卻踩著開口笑的高跟鞋，也看過研究員穿得像角頭老大，這些不恰當的穿著對於專業形象都有很大的影響。我認識一位國內非常知名的投資大師，他只要看到大老闆衣衫不整，絕對不投資他公司的股票，理由無他──連自己都無法打理好的人，如何治理公司？

合宜得體、整齊清潔，絕對是職場衣著最高智慧，並非華服名牌、炫富度日，我由麗卿的談話中，獲得很多美麗的準則，例如：女性上班族可以穿淡色，看起來中性又專業，灰色、卡其色尤佳，還有套裝不能是短袖，至少要有四分之三袖長；男性上班族穿長袖襯衫，純棉布料的長袖比聚酯纖維的短袖還要涼爽，也比較正式。

中性穿著一般感覺比較專業，這也是我喜歡的形象，我喜歡麗卿說的80/20穿著哲學，也就是80%的中性，20%的女性方式；而化妝、有弧度短髮、長髮、泡泡袖、蕾絲、蝴蝶結、粉彩色系、高跟

鞋等，都是女性化的特質，讓人感覺剛柔並濟。

　　女性穿著太暴露，不會對工作加分，甚至可能會傷害你的專業；太性感，其實女性也會忌妒，且在工作夥伴中顯得太突兀，也會讓團體關係受影響。女性上班族穿褲裝，工作時方便些，襯衫上就可以多一點變化，例如：搭配泡泡袖襯衫，掌握下半身中性，上半身女性化一點的原則；女性也可以多穿裙子，但要注意裙子的長度，也就是裙長結束的地方，要是雙腿最漂亮的地方。

　　男性同仁避免穿著太隨意，西裝、襯衫、領帶的搭配，三者之中配一個淡色系，例如：淺色系、灰色的西裝能營造紳士風範。還要掌握乾淨的前提，尤其要注意臉部的清潔，油亮頭髮、過濃香水、不潔的指甲這三項要盡量避免，男性的魅力還是來自於不著痕跡的自然。

　　除了穿著打扮，職場中溝通能力是最強的武器，如何在最短時間內清楚地介紹並推銷自己，是每個人必修的。運用笑容及開朗的心對待周遭的人事物，在適當的時機表現自己的關心，周到的禮儀將在危急的時候發揮意想不到的作用，這就是擴展人脈的重要性，永遠要謹記人脈就是金脈。

　　陳麗卿老師是我在中廣「理財生活通」節目中的固定來賓，我們談服裝、談流行、談品味，也談在職場上的衣著與談吐，非常受到大家的喜愛，這次她出版新書《穿對，更成功》，更是職場男女的好消息，我十分樂意跟大家推薦，更希望大家看完書之後，穿出競爭力！穿出賺錢力！更穿出新時代美麗的力量！

善用「圈內人」與「在位人」形象
敲開成功大門！

邱文仁（職場達人）

　　大一升大二時，我對直屬學長說：「我要變成新鮮人的學姐了，有點緊張！」這位出過社會又回到學校念書的學長告訴我：「別緊張，穿成熟一點，看起來就像學姐了！」

　　十二年前，我開始有較多的演講邀約。有次，面對的聽眾都是企業老闆。雖然我很努力地準備了內容，可是，當時年紀輕、經驗又不足，真的是超級緊張的。我那經過江湖歷練的媽媽氣定神閒地對我說：「打扮漂亮點，誰敢為難妳？」

　　外型的包裝，增加了信心。我必須坦承：一路走來，外型的專業，的的確確幫助了我擁有更多機會，也克服了許多緊張的時刻。

　　你的職場遭遇與你的「形象」，大有關係。

　　你的「職場形象」，從履歷表的那張照片呈現，或面試時所表現的樣子，已經讓面試官開始打分數了。真相往往是，人們未必有機會或耐心先瞭解你的內在，很可能就已經根據「外表」下定論了。不論是工作或交友，如果外表不能反映你是個值得認識的人，未來可能要花上數倍精力，才能扭轉這樣的既定印象！更殘酷的現實是，像面試這種短時間的互動，甚至連「扭轉印象」的機會都沒有。

　　這個道理和商場販賣商品是一樣的。包裝討喜的產品不管好用與否，都比較容易被購買；外型欠佳的商品即使功能實用，也未必

能馬上被青睞。

　　花心思投資在外表「形象」上，不難，而且必要。特別在工作場合中，打理好適合自己的專業形象，工作上會有更多機會，在心理學上而言，也會更專注於工作。

　　有太多人問我「面試時該怎麼穿？」在此提出我的經驗分享！

看起來要像這個行業、這個職位成功人士的樣子

　　我曾在應徵國內某大廣告公司「創意部」時，因穿得太中規中矩，而被誤認為是應徵「業務部門」的工作。當我向面試主管表明要應徵的是「創意部」時，主考官毫不留情地說：「你能適應創意部的組織氣氛嗎？我看你的外型就不像……」，可見「穿錯衣服」十分容易讓人誤會你的內在！

外表乾淨俐落、有專業感，給人幹練聰明的印象

　　面試主管要找的是未來的工作夥伴，而不是歐巴桑、辣妹或酷哥。有一陣子女性服飾流行「細肩帶、短裙、露趾高跟涼鞋」的造型，當年來面試的竟然有許多女性以這類打扮前來！雖然我深切的知道以「外型來評斷人」不一定準確，不過，人才招募茲事體大，還是不敢貿然錄用這些「看起來很愛玩」的女生來工作！面試時，

像個「圈內人」、像個「在位人」才有比較高的機會雀屏中選！

顏色可以訴說個性

中性色如黑、灰、海軍藍、深棕褐色系，給人穩重、幹練、權威的感覺；較鮮豔的顏色可展現活潑與積極；女性若身著粉嫩的顏色，顯得含蓄、女性化。因為顏色可以訴說不同的專業形象，求職者面試時，必須考慮「所從事的行業」來選擇合適的顏色。

看起來俐落比較好

有人面試時帶著大包小包的東西，會讓行動看起來笨拙。通常，面試時最好只帶一個手提包或公事包，而且必須把零碎的小東西，有條有理地收好，再裝進同一個包包裡。如果手上抱著一大堆東西，只會讓人產生凌亂急躁的第一印象。

避免穿第一次穿的新衣服去面試

穿新衣服的求職者，可能會因沒預料到的衣服不合身或剪裁的不舒服，造成額外的心理負擔！建議最好選擇曾經穿過且舒適的衣服，但要事先整燙過，衣著筆挺才像個專業人士。

這裡只談到很基本的形象技巧，而這些基本的原則，只要肯學，人人都做得到！

我和陳麗卿老師認識多年，從十二年前開始，她就是我的形象老師，一路上幫助我很多，可說是我的貴人！學習形象管理，應該是我個人職涯上最有價值的學習投資之一！很高興陳麗卿老師的新書《穿對，更成功》出版，書中許多重要的資訊，相信可以幫助許許多多的上班族，善用「圈內人」與「在位人」的形象，敲開成功的大門！

女性主義敗在愛情和衣服兩件事上？

蔡美慧（義大世界購物廣場總經理）

　　曾有一則耐人尋味的廣告語：女性主義就是敗在愛情和衣服兩件事上！莞爾的點出很多女性朋友經常、甚至一輩子困擾的人生課題，那就是為什麼「衣櫥裡永遠少一件衣服」？

　　中興百貨也曾提倡：「35‧24‧36標準三圍是個壞名詞」、「一年買兩件好衣服是道德的」。每位女性朋友再怎麼節食減重，也很難以達到35‧24‧36的模特兒標準三圍。時尚造型專家、形象管理達人陳麗卿老師，經由十六年專業教學的調查統計：「一般人衣櫥裡擁有的服飾，經常穿用到的只占了20%」。女性朋友若能精打細算買到適合自己、好穿、好搭配的衣服、配件，而將衣櫥裡因錯買所浪費掉的80%開支，用在讓自己成長進步，學會定位自己並有修飾缺點、突顯優點的能力，以及可以經濟獨立的投資理財，同時擁有身心均衡、健康、快樂的生活態度，就能克服愛情和衣服兩件致命傷，成為一個自信又有風格的女人！

　　陳麗卿老師《穿對，更成功》新書裡的「38堂形象美學課」，有系統的讓你自我學習：如何尋找定位、打造形象、形塑風格、建立自信，不論你從事那一種行業領域，都可以在其中找到適用的專業形象符碼，是最經濟又聰明實惠的自我投資！

女性朋友該知道如何花最少金錢建構「基本服飾架構」、「最棒的套裝」怎麼買、如何挑選一件能「打造臀腿完美曲線的長褲」；而一向怕麻煩的男性朋友能懂得「成功的西裝外套」怎麼買、「有品味的襯衫、領帶」怎麼搭配⋯⋯任一章節的答案都會讓你獲益良多！

　　從中興百貨的「頂尖設計師服飾」，到義大世界購物廣場的「國際精品直營折扣中心」，所累積的多年工作經驗，我特別認同第38堂：職場上班族的「名牌」使用指南：如何以適當的名牌提升品味，並為職位升級加分，名牌最好的穿搭法是：「名牌＋平價」服飾的Mix & Match，是當前最in的時尚穿搭法則，尤其在全球經濟前景堪憂、國內通膨高漲不安的動盪局面裡，能以平價時尚的價格，買到國際精品名牌，並穿出自我風格品味，是最有價值的職場、生活美學競爭力！

　　陳麗卿老師的現場教學更是生動精采，因此經常邀請她到我的工作場域，為同仁做專業訓練或是為主顧客現身說法，總是互動熱切、場場欲罷不能；我也很推薦她學院的系列課程，可以裡外兼備、更融會貫通地打造自己的美麗人生，讓每個人都能成為自己人生舞台的最佳主角！

一個人美麗的時候，世界也跟著變美麗

在美國念書以及自創服裝品牌時，長年飛來飛去，在機場等班機時很喜歡看著人來人往；我發現：從不同國家、城市來的人都有他們的特色；像英國倫敦的男士喜歡低調品味的穿著，法國巴黎的女士總能帶給人「驚嘆」的妝扮；而當我看到亞洲人時，就會特別敏感，而且一看到穿著打扮特別有品味的亞洲人，十之八九都是日本人。當時不清楚為什麼不是臺灣人？不是中國人？

於是我開始思考：如果結合在美國所學，加上服裝設計的概念，就能具體表現如何穿出漂亮，並找到自己的美麗與品味，那不是太棒了嗎？當我將這個構想告訴我的好朋友Karen時，她深感認同，並且很熱心地在她竹科的讀書會裡，找了一群總經理夫人們擔任我的學生，讓我好驚喜；就這樣開始了我的第一堂課，地點是在一家咖啡廳。說實話，當初並沒有想得太遠，只是因為興趣與滿腹的熱忱而開啟課程，沒想到第一梯學生覺得學習效果太好，到處跟朋友們宣傳，接著又衍生了第二班、第三班……

我從色彩分析的課程，慢慢為教學建立起系統，發展成現在成熟的「衣Q寶典」課程。這十六年來，學員們從小姐變成媽媽，新進員工變成專業經理人，主管變成老闆；在他們的口碑相傳下，女人們會送姐妹來這裡找到自己的美麗；女兒將媽媽送來發現永恆美麗的法寶；媽媽將小孩送來學習如何找到自己的魅力；老闆送重要的主管來upgrade領導者形象；公司則安排學院為企業做內部的形象教育訓練……；學員傳學員，企業傳企業，逐漸建立起「Perfect Image陳麗卿形象管理學院」的專業招牌。

人生是一段不斷向上爬升的階梯，要一階邁向下一階，往往會遇到階梯與階梯之間的瓶頸；此時，一個貴人、一堂課、一句話都

能幫助你突破瓶頸，往前邁進一大步。這本書正是集合了我十六年來的教學精華，為每個職場工作者，不管是職場新鮮人、想往上爬升的小資族，或是擔任管理職的經理人，學有專長的專家學者，以及統御一方的老闆……都能在這本書裡找到可能遇到的形象問題，為你的形象找到定位及突破點，讓你的才能與外表同樣出色！

希望此書不只為你帶來條理清晰的形象觀念，更為你的事業與生活帶來後續的影響力與蛻變力。我由衷謝謝所有參與此書工作的夥伴們，感謝你們讓這本書更臻完美；也要感謝理財專家夏韻芬小姐、職場達人邱文仁小姐與義大世界購物廣場總經理蔡美慧小姐為本書題撰序言；王品集團董事長戴勝益先生、生活彩妝大師朱正生先生，以及鼎鼎行銷執行長梁景琳小姐的熱情推薦。

最後，要特別感謝在這本書裡願意提供自己學習成長過程讓我分享的學員們（其實他們才是此書的主角）；當初在詢問他們時，很擔心學員們會願意將「造型前」的自己公開嗎？沒想到他們告訴我：「老師，正因為我們看到改變，而改變的力量感動自己，所以更希望大方分享，感動更多人。」

書中所有的照片都是學員們的親身經歷。其中大部分的相片都是學員們在「衣Q寶典」課程學習專屬於自己的穿衣方法之後，在換裝實習單元所展現出來的成績；雖然換裝的時間只有十五分鐘，現場可以選擇的衣服也有限，更沒有時間梳頭化妝，可是當他們看到自己的「成果」時，無不很驚訝自己的改變；甚至還有學員說：他在這裡看到最美麗的自己！

這些學員們證實了「一個人美麗的時候，世界也會跟著變美麗」：當看到全然不同的自己，那份喜悅、驕傲、興奮、感動，會傳達到世界上更廣、更遠的地方。當我們美麗的能量多很多，快樂的能量多很多，正面的能量多很多時，這個地球也會變得更美好。

祝福每一個真心想要「看到更好自己」的你，從此蛻變成功，世界大不同。

CONTENTS

Chapter 1 形象是什麼？

Chapter 2 認識你的行業穿著

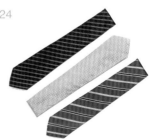

Chapter 3　重要單品的挑選

Chapter 4　「100分的形象」進階課程

CHAPTER 1

形象是什麼？

香港恆生銀行創辦人——何善衡：「人與人之間的接觸，事先給予對方的印象，是外表而不是內心。假如給人的第一印象不好，又怎能獲得別人的敬仰和接近的機會？」

你穿上什麼，別人就看見什麼，形象唯有「誠於中，形於外」，才能真正傳達：你是誰！

第*1*堂

你是表裡如一的人嗎？

一個人的外在穿著傳遞出「你這個人」的諸多訊息！就像名偵探福爾摩斯的名言：「一個人的形象，包括穿著、頭髮、膚質、指甲，以及選用的眼鏡、首飾、鞋子，都傳遞出一個訊息——你是誰？你來自哪裡？你的教育程度、家世背景？你的身分、地位、年齡？你的喜好、人格特質？甚至，你對自己的期盼是什麼？未來的格局在哪裡？……從早到晚、從出生到死亡之前的那一刻都避免不了。」

福爾摩斯在〈身分案〉裡有一段有趣的斷案過程：「我首先著眼的總是女人的袖子；看一個男人，也許先觀察他褲子的膝部。這是因為袖子或者褲子膝部，很容易透露痕跡，例如：袖口起毛球，可能經常伏案工作；而膝部磨損則可能是經常勞動。將細節拼湊起來，可以得知一個人的職業、一個人的喜好品味、衛生習慣是否良好、出入過哪些場所等，最後推敲出一個人的真實身分與個性。」

衣服就是你

親愛的朋友，只憑身上的衣服就能將關於你的訊息「全都露」；「衣服」已不僅是個名詞，而是關於「你是誰」的

代名詞！當「衣服＝你」時，你是否也開始注意外表，想知道：「我是個表裡如一的人嗎？現在外表的我和心中的我是同一個人嗎？我正如實地展現心中所期盼的自己嗎？」

　　以上問題是我經常向學員提問的。一開始每個人都覺得自己是個表裡如一的人，隨著不同問題的拋出，大家開始懷疑是否真的瞭解自己，並且表現出真實的自己了。

　　有次為國內知名的電子公司做「專業形象建立」的課程訓練，參與人員皆為管理階層與高階工程師。訓練中，先讓參與人員訂出三年內的「職涯目標」與期望達到的「位階」，並具體描述這個「位階」所需具備的言行舉止與外表特質，接著再和自己目前的言行舉止與外表做比較；結果發現：大部分人的「現狀」和期望達到的「位階」特質是很不一樣的。例如：在「形象管理」上，想更晉升的人，認為管理者的穿著應該是長袖襯衫＋西裝褲，甚至是體面的西裝＋襯衫＋領帶，可是自己目前卻是polo衫＋牛仔褲＋球鞋；在「口語表達」上，管理者應該簡潔有力、條理分明，而自己說話的時候卻習慣：「是哦！嗯哼～唉喲！」；而在「肢體語言」中，管理者的動作應該威嚴穩重，而自己的舉止卻是個邊講話邊轉筆桿的大學生樣子。

　　現在，你是否也開始擔心自己有沒有「表裡如一」？

你表裡如一嗎？

首先，請找幾張在辦公室拍的照片，想辦法遮住臉部，不讓人知道照片的主角是你，然後請別人進行評比，讓對方評比側寫照片中的無臉主角，問題可以這麼問：

—— 他從事什麼職業？

—— 他的收入有多少？

—— 他的位階？

—— 他的年齡？

—— 他的身高、體重？

—— 他的感情、婚姻狀態、有沒有小孩？

—— 你覺得他快樂嗎？

詢問的對象愈廣愈好，但務必包含和你相同或類似行業，且位階比你高的人士，以及跟你的客戶、合作廠商同屬性的人士。

老闆，你的公司表裡如一嗎？

如果你是公司老闆，不妨替公司的形象做個檢測。同樣找幾張公司團體照，請公司以外的人來進行評比側寫，當然不能讓對方知道這是貴公司的團體照，題目可以這麼問：

—— 你看到這些人，覺得這家公司是做什麼的？

—— 公司規模大概有多大？

——公司的產品價位大概介於多少之間？

——這家公司是區域性？還是國際性？

——公司的文化如何？

——公司的領導風格如何？

——你覺得誰是領導者？

——你信任這家公司嗎？

此一測驗可以幫助你瞭解自己心中的期望，同時瞭解你展現出來的是否和心中的期望相符或背道而馳；而老闆們也能瞭解企業平時的形象如何，是否符合公司的現況與未來的願景。根據經驗，對方的答案可能出乎你的意料，卻很客觀。當對方的答案誠實到你難以承受時，先不要急著評論，放在心中一段時間，讓它發酵，你會慢慢發現：這些真誠的答案是人生中最好的禮物。

after

before

**You are
what you wear**

大膽穿出你自己！你所顯現的溫暖、聰慧、知性與優雅，就是一貫的人生態度；只有內外合一，方能成就經典人生！

你是否達到夢想中的樣子？

　　有位朋友是個出色的表演者，每當要上舞臺之前，他都非常專心的獨處，讓自己的身心靈先融入角色。他告訴我：「專業的演員一次只能軋一齣戲，因為需要很入戲，才能『成為』那個角色，而不是『演』那個角色。有時候因為太入戲，下了戲也很難抽離角色，需要一段平靜的時間讓自己回復⋯⋯」他語帶感嘆地說：「許多新進演員或是年輕的表演者，上臺前一直在說話、聊天、嬉笑，我很難想像他們怎麼可能融入自己所扮演的角色？」

「形象預演法」幫助你夢想成真

　　從知道你現在是誰，到是否能達成夢想的樣子，得從現在開始做準備！如同所謂的「大將之風」，並不是成了大將之後，才有大將之風，而是先有了那個風範，大將的位置降臨時，才能順利接掌。如果始終缺乏大將之風，當機會來臨時，恐怕只有「望位興嘆」，因為機會是留給準備好的人。

　　要如何達到夢想中的樣子？首先需要勾畫自己的夢想，愈清楚愈好，如果夢想的輪廓模糊，永遠只能模糊地描繪未來，模糊地跟著大眾媒體或親朋好友的標準，模糊地想像成

功，模糊地追隨美麗，人生就不知不覺的在模糊中過完了！

　　你可以想一想：一年後或三年後的「職涯目標」為何？三年後的「那一個人」應該是什麼樣子？然後開始練習「當那一個人」：他如何走路？如何微笑？如何說話？怎麼穿衣服？帶什麼包包？穿什麼鞋？他的動作、手勢是什麼？……

　　可以製作一個「形象夢想版」，將你期盼達到夢想的樣子，全部剪貼在「形象夢想版」上；如此一來，就能依照這個鮮明的樣子做模擬；漸漸地，你想要的模樣就會展現出來。當然，如果你難以想像，可以繞個彎想想在希望從事的行業裡，有沒有哪一個人是你的目標，或把幾個人拼湊起來成為你的目

Perfect Image Tips

改變形象的重要提醒

❶改變形象最好採取漸進式，否則一時之間會顯得突兀，周遭的人可能會因為難以接受你的變化而出現負面的聲音。例如先前提到的高階工程師，可以先換上長袖襯衫與卡其褲、皮鞋，慢慢再換上西裝褲，之後繫上領帶，最後西裝筆挺的專業形象就能讓周遭人自然的接受。

❷形象的塑造是需要紀律的。「印象」是指印在別人腦海的影像，而影像需要不斷重複才能置入別人腦海裡，所以一天捕魚、三天曬網的做法只會徒然無功。

標，然後以這些人為藍本，做出你的「形象夢想版」。

　　若是從「宇宙吸引力法則」而言，一旦你已經想好夢想中的模樣，並且投入那個模樣，無疑是向宇宙宣告：「我準備好了！」自然會全心全意地讓自己融入這個角色，然後吸引和夢想相對應的人事物，逐漸形成一種氛圍，直到真的達到你的夢想。

　　成為理想中的自己永遠都不遲。在我的形象課程中，「形象預演法」已經幫助許多人，相信也能幫助你快速達成夢想。

after

before

讓你的天賦才能
成為一種「魔力」

魔術師瑪騰在「衣Q寶典」課程裡，瞭解自己的身材、顏色、風格之後，換上「魔衣」為大家表演魔術，風靡全場，充滿「魔力」。

我想要／我需要──TOP 10

以下練習可以幫助你更輕易地做出「形象夢想版」。請填寫以下的「我想要」以及「我需要」的十大形象項目，並且一一檢視它們是否符合三年後的職涯目標。若是無法很清楚知道自己的形象目標，可以先找一位「你希望成為他」的形象model，將他的特質寫下來，成為你的目標。

範例：三年後的職涯目標：業務主管。那麼你想要的是：

我想要：

· 成為頂尖的行銷高手。
· 成為專業領導者。
· 變成一個有品味的人。
· 成為人人都喜歡的人。
· 成為簡報高手。
· 挑戰服務高端的客戶，讓他們喜歡我。

清楚條列願望之後，可以將這些願望轉換成實際的形象需求；或者你心中已有一位形象model，可以透過觀察對方的一切，將需求寫下來：

我需要：

· 調整我的外表，讓自己看起來更稱頭。
· 每天上班都以最佳狀態出現。
· 幾套質感好的上班西裝。
· 一只好錶。
· 多練習幽默的說話方式。
· 磨練具有說服力的簡報技巧。
· 學習與高端客戶相處之道。
· 加強領導魅力。

現在，請大家試試看囉！

職涯目標：
我想要：

- _____
- _____
- _____
- _____
- _____
- _____
- _____
- _____

我需要：

- _____
- _____
- _____
- _____
- _____
- _____
- _____
- _____

你就是自己的「美學建築師」，現在就要穿出明日的成功！

人因夢想而偉大，讓夢想的外衣帶你邁向成功之道。就像建築師朋彥，將課程所學加上心中預期的未來，成功演化自己卓越的面貌。

after

before

第3堂

你的形象及格嗎？

　　我的學員小紅在一家保險理財公司服務，她一直很認真、很專業，默默做好自己分內的事，是主管眼中的好幫手。過了幾年，當公司有個主管的職缺，想要找適合的人選，每個同事都覺得以小紅的年資、經歷、能力一定能升任；沒想到人事公告頒布，竟然是比小紅晚兩年進來的後輩獲得升遷。

　　聽主管告知，小紅才知道自己輸在高層主管們覺得她「沒有主管的樣子」！於是她下決心選擇來上課，重新定義自己的「形象」，讓專業的內在從外表就被看見，代她說出真正的實力與企圖心。

　　沒想到，全新的外在形象，讓她在二年內連跳三級，現在已是成功的區域經理人。

　　小紅的案子讓我聯想到《商業周刊》第八六四期的報導：「在《財星》(Fortune)雜誌公布的五百大企業之中，亞太裔的董事只占1%，遠低於亞太裔占美國人口的4%比率。顯示出我們東方人長久以來只專注在『專業能力』的精進，卻忽略了可以幫助自我行銷的『外在形象』，因而變成西方人眼中『沉默的工蜂』。」

　　小心，只會埋頭工作的「沉默工蜂」，不但沒有存在感，還可能阻斷自己的晉升之路。

名人皆有「翻譯內在」的特殊能力！

　　在你的心中，誰讓你留下深刻印象？郭台銘？賈伯斯？比爾‧蓋茲？周杰倫？張惠妹？王建民？曾雅妮？或是林書豪？凱特王妃？

　　為什麼這些「名人」能夠留名、留影歷久不衰？其實是這些名人們都有翻譯內在魅力特質的能力！

　　例如：賈伯斯每在Apple新品發表會，穿上著名的黑色套頭上衣＋牛仔褲，以生動的肢體動作、幽默的語言，為全世界介紹最新科技產品。又例如：全世界最年輕的高爾夫球后曾雅妮，每在最後一天賽程時，會換上她最愛的粉紅色球衣，以專注的眼神打好每一顆球；拿到獎盃的時候，妮妮總是露出可愛的笑容跟大家說謝謝，她的模樣風靡全世界。

　　這些名人不只是在自己的專業領域上被人稱讚，他們的外在形象、穿著、說話的方式、動作……，明白彰顯了個人的魅力本質，讓大家喜愛；這就是「形象管理」最重要的觀念之一：每個人都要學會如何翻譯自己的內在——將內在的實力、魅力與特質顯現出來！

形象，是職場中不可或缺的競爭力！

如果想得到他人的信賴，「形象」因素不可抹滅，並不是指外貌好不好看；而是西方學者亞伯特‧馬布蘭(Albert Mebratian)教授所提出的「7/38/55」黃金形象定律。

所謂「7/38/55」黃金形象定律，是指「不認識對方時，對一個人的印象」：7%來自於說話的內容；38%來自於如何說這些話，包括語氣、手勢、肢體動作等；至於占最多的55%則是一個人的外表樣子。

這項研究的結果完全推翻我們過去的認知，沒想到從小學到大學、研究所將近十八年的專業學習、硬實力，留給別人的印象竟然只占了7%；而在學校裡幾乎不曾被教導的整體外在形象，卻占了印象分數的93%！換句話說，只要懂得打理好外在形象，做好形象管理，就等於比別人多出93%的勝算！

從另一個角度來看，我們的學歷與專業技能雖然是整體實力結構的基礎，但若沒有另外93%的加持，別人從我們身上感受到的實力永遠只有7%。難怪我們常覺得講話被打斷、說出來的話被打了折扣，或者被拒絕的理由是：「看起來不像」、「沒有主管樣」、「樣子怪怪的」、「沒有我的緣」、「印象不深刻」、「人很善良，可是……」、「人很老實，可是……」、「做事認真，可是……」等，令人無奈又氣結。

不要再讓自己成為第二個小紅，從現在起，我們一定要開始注重「7/38/55」黃金形象定律中38%與55%加總起來的

93%；學好93%形象管理的能力，就能將內在特質翻譯出來讓別人理解，將內在能力表現出來讓別人看到競爭力。形象管理是二十一世紀每個成功者必學的功課。

before　　　**after**

改變，
夢想就能成真

不要以「現階段」的你當作形象的唯一可能。當你的內在準備好了，就讓正面的形象，為自己的高貴找到最佳曝光的時刻，留下驚豔永恆的寫真。

找出形象的優勢與弱勢

計分方式：

經常：0分
有時：1分
很少：2分
不曾：3分

加總所有的分數，並查看以下分析。

1. 總分少於37分

任何人都看得出來你的形象大大阻礙了你的事業，你的形象是「顯性的不好」，連你自己都看不下去了；你的人際關係可能正處於疏離淡漠的狀態，即使有實力卻不被人看重，你正陷入「競爭力衰退」的恐慌中！

2. 總分38～74分

你的形象屬於「隱性的不好」，別人對你不完全滿意，但不會明白說出來，或者是不知道你哪裡有問題，所以無法說出不喜歡的點；在職場上歸於「食之無味，棄之可惜」的處境。只要沒有競爭者，可以安然留在職位上，卻永遠也升不了官；一旦有競爭者出現，就會輕易取代你的位子。

3. 總分75～94分

你的形象雖然不錯，但是隨著職位愈高，你的形象可能會引人質疑：是否

題號	題目	作答			
		經常	有時	很少	不曾
1	在眾人中，你的外型會鶴立雞群，顯得很突出？				
2	在眾人中，你像隱形人，別人看不到你？				
3	你不確定自己的樣子是否符合現在公司的企業文化？				
4	你不確定自己的樣子是否對升遷有幫助？				
5	別人會告訴你：我真希望有膽量像你這樣穿？				
6	你感覺到同事穿得比你好？				
7	你感覺到同事或客戶穿的衣服或用的配飾比你的高檔？				
8	在餐廳用完餐，服務生會忽略你的存在或需求？				
9	明明你是主人，服務生卻將帳單拿給客人？				
10	別人常拿你的外表和你開玩笑？				
11	你認為自己的內在優於外在？				
12	你有時候會忙到「樣子看起來很慘」？				
13	陌生人會叫你「美女」、「帥哥」、「親愛的」？				
14	你的網路社交或電話社交，比面對面的社交更為順利？				
15	別人常聽不到或聽不清楚你說的話，問你：「可不可以再說一遍？」				
16	會有這樣的現象：別人不把你的話當真？				
17	會有這樣的現象：你說話時被打斷？				

題號	題目	作答			
		經常	有時	很少	不曾
18	當你在說話的時候，別人常會轉移話題？				
19	當你的老闆臨時問工作進度時，你會緊張得不知所云？				
20	工作中，你提出的意見不被重視或採納？				
21	同事或老闆告訴你某人的高見，你心中想：「我早就告訴過你了。」				
22	你上臺簡報時，無法控制自己的表情或聲音？				
23	你在會議做報告的時候，感覺下面的人沒有很專心？				
24	你覺得為什麼我說的話別人都聽不懂？				
25	一群人在一起，你簡直不知道要如何聊天？				
26	你很難談大案子？				
27	商場飯局，你不知道怎麼安排座位？				
28	你不知道如何做好介紹人？				
29	開會時，你喜歡坐在最不醒目的地方？				
30	商務會議，你會遲到或幾乎遲到？				
31	你開會或和同事吃飯的時候常接手機？				
32	你覺得異性的行為很難理解？				
33	與身分地位高很多的人在一起，你有一點不自在？				
34	自我介紹讓你不自在？				
35	你駝背或姿勢不良？				
36	會有人問你：你不開心嗎？可是你並沒有不開心。				
37	你喜歡的異性不喜歡你？				

足以勝任這個位子？俗話說：「每個人都有最高的職位。」意思是，如果你的最高位子是經理，那麼往上變成協理，將會讓人覺得你不適任；就像有人適合當工頭，卻不適合當老闆一樣。職位不同，思維方式不同，形象的挑戰也不同；而你的形象就透露出目前職位的樣子，如果你想步步高升，千萬別讓形象成為阻礙晉升的瓶頸。

4. 總分高於95分

你是個形象極好的人，不管在外表、談話、舉止，都令人留下良好的正面印象。如果你想進一步擁有專屬於你的獨特氣質風範，成為職場上無人可取代的形象識別品牌，則可以建立個人形象識別(PIS)哦！

另外，從這個測驗中，可以看出在「7/38/55」黃金形象定律中，你哪一項較強，哪一項較弱。1～14題是關於外表衣著形象，15～26題是口語表達技巧，27～37題則是儀態風範；你可以進一步依照作答情況，看較弱的項目集中在哪裡；找出自己的弱項，就可以藉由學習，快速補強，讓個人的專業形象不要有缺憾！

第*4*堂

學習企業CIS，營造個人PIS

　　二十一世紀的職場工作者都應該像企業一樣，將自己當成品牌來經營。要做好個人品牌包裝的捷徑，就是學習企業CIS的運作方式。心理學研究顯示，要讓印象放在腦裡不會忘記，需要重複看二十一次，才會變成一種印象；而企業建立CIS的目的之一，正是要創造一個簡單有力的「重複性」系統，讓人們的大腦中留下深刻的印象，進而建立品牌認知度。例如：看到二個外雙C，就會想到時尚品牌CHANEL；看到打勾的圖樣，就會想到運動品牌NIKE；看到一顆被咬了一口的蘋果，就會想到電腦品牌APPLE。

　　將企業CIS的概念運用在個人身上，就是我們學院不斷提倡的「PIS」（Perfect Image System個人形象識別系統）。

如何建立個人「PIS」

　　企業的CIS幾乎等同企業的文化精神，它可能是字母，像是「LV」、「GUCCI」；可能是文字，例如：Lexus汽車的「專注完美近乎苛求」；可能是一串音樂，諸如「來來來大買家，恰恰恰」；還有可能是圖像，像國泰世華的「大榕樹」等。重要的是，這些CIS都能立即直接而清楚地表達出整個企

業，讓人留下深刻的印象。

　　建立個人「PIS」也是如此，你的「PIS」等同你的特質。以下是我為學員們設計出來的三種「PIS」操作方式，建議你至少以其中一項為目標，並且堅定實行三個月，每天記錄周遭人看你的反應，之後再做必要的調整；整個流程非常簡單，卻會收到意想不到的效果。

❶ 目標導向操作法：以個人「職涯目標」為出發點

　　第2堂課「Perfect Image實用練習：我想要／我需要──TOP 10」中，你填寫的「我需要」形象項目裡，哪一個形象項目是最需要展現的？把它挑出來，並讓適合的穿著元素將此特質翻譯出來。例如：你希望給人「權威、專業」的感覺，挺立的套裝將會是很好的選擇之一；或是你希望「親切、自然不做作」，白襯衫＋牛仔褲或卡其褲＋西裝外套的搭配方式可以幫助你；又或者你想要的是「浪漫／雅士」的味道，女士身上有荷葉邊、男士身上有粉彩色系，都能為你點綴出特別的個人氣質。

❷ 個人喜好操作法：以「自己喜歡」為出發點

　　你可以挑出喜歡的顏色、品牌或蒐集品，例如：筆、眼

鏡、絲巾、領帶、袖扣、別針、項鍊、耳環、戒指、手錶、名片夾等等，將它們持續地穿戴在身上，自然能加深別人對你的印象。我有一位從事室內設計的客戶，深愛LV品牌，每次著裝主題都帶有LV的單一產品，格紋上衣、褲子、包包或鞋子；即使不是LV的品牌，他的配色與風格也一定與它的感覺相似，透過不停的重複，成功快速地建立個人形象。

❸ 特色強調操作法：以「你穿什麼最好看」來重複

只要是別人對你讚不絕口的元素，請直接使用吧！元素可以是穿起來好看的格子、條紋、印花；或是西裝、套裝、短裙、長裙、長褲、背心、襯衫、吊帶等；甚至於是特別設計過

Perfect Image小詞典

PIS

PIS原指**Personal Identity System**，也就是個人識別系統。而「**Perfect Image** 陳麗卿形象管理學院」將如何建立個人識別系統進一步化為具體的做法，成為「**Perfect Image System**」，以精確科學的專業方式，有效率地幫助學員在短時間內找出個人外在與內在特質，並將個人特質與職涯規劃相結合之後，以「外表穿著」＋「口語表達」＋「風範禮儀」三方面為個人量身訂製專屬的形象包裝方式。每個人都會發現：世界上沒有二個人的個人特質會百分百相同，正如全世界沒有二朵雪花長得一模一樣；即使職涯目標設定可能類似，但也會因為個性、行為習慣、公司環境的不同而結果迥異；因此，**PIS**就像高級訂製服一樣，專門為你量身訂做，只適合你自己，無法複製給別人，是一套專屬於你的個人形象訂製系統。

的髮型、彩妝等。

　　要提醒的是，建立個人「PIS」的目的是為了彰顯你的個人識別。正如品牌建立的過程要先找出「對的事情」，之後規律地重複做才有用；所以你一定要很清楚個人特質與夢想，加上得宜的穿搭技巧，最後加上堅持與時間的累積，自然能在別人腦海裡留下深刻的印象。若是不熟悉什麼樣的衣著元素才能襯托出你的個人特質，由衷建議你求助專業的形象管理顧問，他可以在很短的時間內幫助你建立個人「PIS」，你所需要的只是重複演練就好了。

look 1　　　　look 2

每個人都可以
為自己找出PIS！

美容老師雲瓊選擇
讓「帽子」成為她
個人的招牌特色，化
身繽紛亮麗的私人
logo，好靚。

PERFECT IMAGE

宜芳從穿衣、試衣中與最美麗的自己相遇！宜芳蛻變了，你也可以！

CHAPTER 2

認識你的行業穿著

日本保險業銷售之神——原一平：「整理外表的目的在讓對方看出你是哪一種類型的人。」

愈能清楚被看出你的職業類別，你的專業實力愈早被看見。

演什麼像什麼的專業戲服

在美國大學攻讀碩士學位時，我修習了一堂叫做「服飾心理學」的課程。課程中，學生分組做服飾對心理與行為影響的實驗，實驗的流程與設計雖然很精簡，卻讓同學們初窺「穿著對形象的重要性」，也成為日後我在形象管理課程裡引領學員們認識形象的基礎。

有一組同學親身測試「穿不一樣的衣服，男友對她的反應」；有一位在IBM公司擔任行銷經理的同學測試「穿著套裝是否可以提升客戶的信賴度」；我這一組則仿效知名形象顧問John Molley的知名測試場景：我們讓同組的一位男同學在人行道前等紅綠燈，當紅燈亮了但左右沒有來車時，他就直接闖紅燈穿越馬路。測試結果發現：當他穿著體面的西裝闖紅燈時，後面的路人會因他的帶頭而跟著走；但是當他換成衣衫襤褸的模樣在相同的情形下闖紅燈，後面卻沒有任何一個路人跟隨他。

另一個寶貴的經驗來自於我的醫生客戶，之後他成為我的好朋友，並送我一本有趣的書籍《神經外科的黑色喜劇》，分享在醫界「白袍」的力量。書中有段作者的親身體認：當年在醫學院念三年級的作者到榮民醫院當見習醫生，第一次幫病人

插鼻胃管，整個過程驚心動魄，真實地宛如親臨現場；特別將書中的文字引述如下：

「……一切進行得很不順利，我就是沒辦法將管子從他的右鼻孔弄進去，於是我再試左鼻孔，但還是沒有成功，只好再回到右邊。這時病人的左鼻孔已經流了不少血，好像幾條小河般流下來，進入他的嘴巴，再滴到他的綠色睡衣上……終於，管子通過了鼻腔，彎進老榮民的喉部。我還來不及說『吞』，他便猛烈地喘氣、嘔吐……我嚇壞了，粗暴地將管子拔出來，好像在發動船尾馬達似的。他尖聲急叫，然後他的右鼻孔也開始流血了。我從旁邊的洗手槽那兒抓了些紙巾，弄濕之後，盡力幫他止血以及清乾淨。……『非常非常抱歉，我們等一下再試好了。』我虛弱地道歉，害怕他會對我的無能大大生氣。然而，他只吸了一口氣，微笑說：『沒關係，醫師……謝謝你替我做的一切。』

我簡直是從病房逃出來的。站在走廊上，我重新整理一下頭緒。這個人怎麼了？一個陌生人走到他面前，將一根武器插進他的鼻子，害他鼻血流得像噴泉一樣，直到他將午餐全吐出來才停止，旁邊還有六個病人在看著呢！如果在路邊，這絕不會被稱為醫療程序，而是暴力毆打，還有目擊證人呢！然而，讓人訝異得不得了的是，他很感謝你，謝謝你『替他做的一切』！……我看著身上的白袍，這不可能只是一件普通的衣服，一定是什麼魔法師的袍子。這一件白色的東西是我唯一的資格，他不只讓我免於被控襲擊老榮民，反而還令他感激莫名。」

這就是「服飾心理學」！人們會因為他人身上的穿著，而對這個人抱持著「既定印象」(stereotype)，就像我們會聯想穿上「白袍」＝專業的醫生、筆挺「西裝」＝信任託付的律師、時髦創意裝扮＝服裝設計師等。

正因為人們對於生活中不同角色的人會抱持著預期的形象，這些因為職位、行業類別而產生的「既定印象」所該穿著的服飾，我統稱為「戲服」。也就是說：你在什麼行業扮演什麼角色，就要穿上這個行業、這個角色的戲服，因為大家約定成俗地認定這個角色就要穿這款戲服。而「穿出符合角色定位的樣子」的確可以在短時間內得到大多數人的認同，並增加說服力；若穿著打扮和社會期待的形象落差太大，對於你的角色出現質疑或角色認定錯亂，而且為了彌補角色認同的差距所花費的努力，恐怕只會讓人大嘆事倍功半！

職場穿著的類型

那麼，一般社會上所認定的職場專業穿著類型有哪些？

❶ 全套套裝

服裝識別：

男士：全套西裝＋襯衫＋領帶＋皮鞋。

女士：全套套裝＋內搭（襯衫、線衫或經典款上衣）＋包
　　　鞋。（可以選擇性加上項鍊、耳環等經典款首飾）

服裝特色：

全套西裝或套裝可以展現專業沉穩的職場語言，令人產生高度信任感。

職業類別：

政治人物、金融業、保險業、律師、精算師、會計師、傳統產業的高階祕書、董事長／總經理特別助理、房屋仲介業、飯店服務業、汽車服務業、頂級名牌精品店、國際製藥廠、企管顧問公司等行業，多半以全套套裝作為該企業、該行業的服裝識別標誌。

❷ 半套套裝

服裝識別：

男士：西裝外套＋西裝褲＋襯衫＋領帶＋皮鞋。

女士：西裝外套＋經典款裙子、長褲（上下身不一定要同色系）＋內搭（襯衫、線衫或經典款上衣）＋包鞋。（可以選擇性加上項鍊、耳環等經典款首飾）

服裝特色：

半套套裝較為彈性，在專業權威中又能展現親切感，為你帶來近距離的互動關係。

職業類別：

公務人員、擔任行政管理職的醫師、外商公司、公關公司、生技業等行業，以及上述「全套套裝」行業的人想展現親切感時，與下述「商務便服」相關行業的中高階主管平日上班

穿著，或一般員工正式開會或拜訪客戶時皆可穿著。

❸ 商務便服

服裝識別：

男士：上身（襯衫或polo衫）＋下身（西裝褲或卡其褲）＋皮
　　　鞋。

女士：上身（襯衫、線衫或經典款上衣）＋下身（經典款裙子
　　　或長褲）＋適合的鞋。（可以選擇性加上項鍊、耳環等
　　　首飾）

服裝特色：

　　商務便服是不含西裝外套的正式上班服裝，在外套的選擇

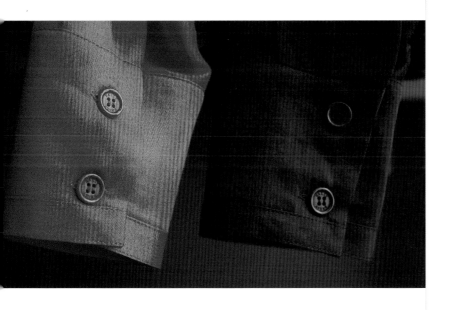

上，可以以針織外套取代；雖然不需要穿西裝外套，但仍有其職場專業的要求，不能過度休閒隨便。商務便服展現輕鬆自然、俐落處事的職場語言，沒有距離卻謹守本分。

職業類別：

　　資訊業、工程師、系統分析師、研發人員、製造業、社會工作者、老師、內勤人員、醫護人員、設計業、美容業、社群網路業、創意工作者、企畫人員、廣告業、出版業、媒體傳播業、旅遊休閒業、一般服務業等。

❹ 其他服裝

服裝識別：

　　公司的制服、護士、警察、交通從業人員制服等，或是晚宴服、舞臺裝等配合特定場合的衣服，或是職業運動員穿著運動服等、森林解說員穿著登山制服等。

Perfect Image小詞典

Dress Code

「Dress Code」是指每個企業因企業文化的需求，而針對穿著訂定不同的「穿著密碼」來顯示該公司的精神、特色，成為獨特的企業品牌標誌，例如：同樣是穿著全套套裝的金融行業，會因為Ａ公司與Ｂ公司所規定的服裝款式、服裝顏色、名牌別放位置、配戴的首飾、鞋子、包包、頭髮規定不同，而傳遞出截然不同的企業文化，並導致不同的績效。簡言之，不同企業的文化、精神有其獨特的服裝識別標誌，就叫做「Dress Code」。

服裝特色：

　　這些服裝因為有其行業與場合的特殊性，穿上該行業所訂製的服裝，或符合該場合的既定印象服裝時，形象就很鮮明；此時該名工作者最該注重的是衣服是否符合企業和職別所訂定的「Dress Code」規範。

　　不論你目前正處於哪個職位，穿出這個職位應有形象的服裝，就是邁向成功必備的條件。

before　　**after**

穿上精采「戲服」，
你就是出色的演員！

總是洋溢熱情的曉薇，深知領導者的魅力與活力，就是激勵夥伴士氣最好的「維他命」；因此，穿上飛揚活潑的圖騰式上衣＋綴有飾邊的俐落褲裝，渾身充滿領導者的熱力與幹練。

第**6**堂

面試要成功就得這麼穿

　　我的好朋友，也是職場達人──邱文仁曾分享：根據人力銀行的調查，66%的企業主管表示通常只用不到六十秒閱讀履歷表。換句話說，在六十秒內，他們就會決定面試者履歷的去留。

　　當我把這項調查數據在課堂上與學員們分享時，某大公司的高階人力資源主管深表同感地說：「我連六十秒的時間都沒有！」面對幾百封履歷，他都以「照片剔除法」，三秒內決定是否要繼續往下看履歷資料。只要照片上的應徵者出現：化濃妝，貼假睫毛太過誇張，戴藍色、金色瞳孔放大片，頭髮染成鮮豔顏色、弄成毛毛頭或遮眼蓋臉的，或是照片自拍，表情怪異、扮鬼臉、比YA手勢，拍照的背景雜亂等，都會先被剔除。要應徵的人才這麼多，實在不需要花時間精力去考慮一位外表與職位不相稱的應徵者。「一張照片」能決定履歷表被留下或剔除，「實際的樣子」則會決定面試的成功或失敗。

　　面試的歷史可以追溯到中國古代的「科舉考試」。當時中國皇帝在錄用人才時，先看「文采」，從中選出「狀元」、「榜眼」、「探花」等優秀人選，肯定他們具備治理地方的專業才能後，這些準官員們還要專程進宮，讓皇帝「相一相」！皇帝藉由看到這些人的「樣子」，來決定他們擔任的職

位，也就是所謂的「官有官相」。亦即在什麼樣的位子，就要有那個位子的樣子；或者說一個人的樣子決定了他可以擔任什麼職務。

面試者如何讓自己「官有官相」？

以下兩個面試穿著要點，是「官有官相」的基礎，不論是社會新鮮人，或是職務升遷、轉換跑道，想要面試成功，掌握「圈內人」和「在位人」的穿衣哲學就對了。

❶ 穿得像「圈內人」

面試時最重要的就是要穿得像「圈內人」！如果能做到一走進這家公司，看起來就像是這家公司的成員，那就對了。穿得像「圈內人」可以幫助對方在短時間內想像你成為他們的一份子的可能性。

建議在面試之前，務必事先研究此行業成功人士的特色，此行業成功人士中大多怎麼穿，或者更精準地瞭解這家公司是怎麼穿的。透過實地考察或網路研究都可以，萬一沒有把握，至少在穿著上要有彈性，例如：穿著西裝或套裝的你一進到這

家公司，發現大家的穿著都很隨意，就可以及時脫下外套，讓自己的樣子更符合這家公司的文化。

❷ 穿得像「在位人」

面試的穿著打扮應該與希望的職位相稱，讓面試官一眼就看出你坐上這個職位的樣子；甚至穿得像更高一階的人士，讓面試官有「物超所值」的感覺！許多職場工作者無法取得與實力相等的職位，原因就在於腦袋升級了，外在卻沒有隨之升級；換言之，就是關起門來很好用，打開門卻端不出去。

Perfect Image Tips

面試成功的穿著提醒

❶ 當你不太確定該穿哪一套服裝去面試時，請記住：「專業得體」永遠比「漂亮性感」重要。新潮時髦或性感的服飾固然看起來「燦爛炫目」，但對面試官而言，會擔憂你心中在意的是漂不漂亮，而不是有沒有把事情做好。

❷ 面試可不可以穿名牌服飾？這要視行業別而定。像是和時尚、流行、公關、設計、行銷等趨勢尖端或高人際互動相關的工作，就可以使用名牌，但建議不要過度張揚，隱性低調的穿法更能顯出高質感；有些行業、環境或職別就不適合使用名牌，若穿著醒目的名牌去面試，會讓人有大小姐、公子哥的印象，可能不太能吃苦。先瞭解要面試的公司屬性以及所擔任的職位，再來決定可不可以使用名牌；若是不確定，建議還是不要使用比較好。

before   **after**

想要讓人留下深刻的
第一印象，你得穿出
美麗得體的自己，就
能使人眼睛一亮，更
想認識你！

③ 應徵高階職位的人，面試多半會超過一次，最好不要穿同一套
衣服，但形式與品質卻需一致。同公司的幾次面試都穿同一套
衣服，只會讓人覺得你是個生活乏善可陳的人。

④ 女性面試時，穿著裙子套裝會比褲子套裝更討喜，但裙子不
可短於膝上10公分。

⑤ 參加面試時，衣著絕對不可以出現「動物紋路」，例如：豹
皮、鱷魚皮、駝鳥皮、蟒蛇皮等，連皮包、皮鞋都要盡量避
免；因為它們會讓你看起來像是大哥、或大哥的女人，或是搖
滾歌手。
除非是流行業、設計業、美容業，否則請勿做指甲彩繪、染鮮
豔髮色或多重髮色、衣服披披掛掛等不按常理的穿著。

面試模擬

模擬愈多次,面試的表現就會愈自然、愈搶眼。

❶面試前的全身鏡檢查:請檢查自己的穿著儀表是否得宜。

☐ 你的面試服裝像「圈內人」嗎?
☐ 你的面試服裝像「在位人」嗎?
☐ 面試服裝讓你活動自如嗎?
☐ 面試服裝是否熨燙平整?有無任何脫線、勾紗、釦子掉落、髒汙?
☐ 女士坐下時,裙子或褲子會不會太緊、太短?
☐ 男士坐下時,襪子是否太短會露出腿毛?
☐ 內衣是否太明顯?男士的內衣要穿正,女士則不可看到內衣的顏色與痕跡。
☐ 女士的胸部是否隱約可見?
☐ 女士配戴的配件不可搖晃或發出聲音。
☐ 男士請勿將鑰匙或手機掛在腰間,或放在口袋裡,讓口袋明顯鼓起來。
☐ 必要文件是否準備齊全?公事包或包包有無汙損、鼓起來?裡面的東西擺放是否整齊易取?
☐ 名片與名片夾帶了嗎?
☐ 鞋子乾淨清亮嗎?

□ 頭髮整齊嗎？會不會掉下來遮住顏面？有沒有頭皮屑？

□ 眼鏡有無髒汙？

□ 臉部乾淨清爽嗎？男性不要出油，女性要化自然的彩妝。

□ 牙齒有無菜渣？

□ 指甲乾淨整齊嗎？女性的指甲油只適合清淡自然的顏色。

□ 身體的味道要注意。避免狐臭、菸味、酒味、咖啡味或太濃的香水味。

❷ 面試時的流程檢查：請依照面試的步驟一一檢測，若有攝影器材可以錄影、錄音最好。

□ 走路時，鞋子會不會發出奇怪的聲音？

□ 走路有無抬頭挺胸？

□ 走路時，服裝有沒有亂掉？

□ 見到主考官有無立即起身，並點頭致意？

□ 注視面試官時，眼睛有無專注？是否面帶微笑？

□ 當面試官和你握手時，你的握手是否有力？

□ 當面試官遞出名片時，是否用雙手接下？並依名片上的職銜問候？如：王總經理，您好。

□ 坐下時，腳的擺放位置是否適當？

□ 面試時，手不要藏在桌子下面。

□ 對話時的眼神、手勢、聲音是否帶有自信？

業務人員的致勝穿著

　　銷售大師Brian Tracy曾說：「在面對面的銷售中，你必須分秒必爭。因為在初見面的三十秒，客戶已經對你的專業性、誠信度做出內心的判斷，同時告訴自己：這筆交易值不值得繼續；而在四分鐘以內，此次的銷售是徒勞無功還是大獲全勝，往往已經決定。」因此，業務員比其他人員更需要掌握「良好的第一印象」。對大部分的業務員來說，雖然正面的第一印象並不能保證成交，可是負面的第一印象卻絕對是成交的殺手。

　　要在三十秒內製造第一印象的第一招，就是穿著與客戶「物以類聚」。最好的業務不但瞭解「物以類聚」的力量，同時也是「調頻高手」。我住在美國時的鄰居是房地產超級經紀人，她大方和我們分享成功的祕密，就是「與對方客戶穿著相同key的衣服」。例如：對方喜歡明亮花俏的衣服，她就會將自己亮麗的行頭拿出來；對方喜歡精品，她就將名牌戴上身；對方很樸素，她就穿得比對方還低調；對方是充滿創意的人，她就拿出創意殺手鐧——讓一只義大利Versace的金色寬版大手鐲成為外表最顯眼的配飾，顯示她的品味。她進一步地說：賣辦公大樓，她會穿上最好的套裝；賣度假別墅，她會穿上度假休閒的服飾；如果對方是富豪，

她會讓自己看起來也像是有錢有閒的貴婦；如果對方是正在打拚的小資族，她就會樸素一點。總之，不要讓人看不起，也不要一副高人一等的樣子。只要通過第一個形象關卡，打開對方的心房後，讓他們知道「放心，我們是同一掛的」，接下來發揮專業才能說服客戶，就不是難事了。

業務人員的形象策略

① 穿出公司與產品間的最佳連結

現代人很注重出身，產品也是；如果產品出身好，業務人員的樣子就要強調這一點。因為業務人員就是產品的代言人，也是企業形象的第一線。大部分的客戶在還沒聽過簡報前，是透過「你」來瞭解公司和產品，所以請務必確認：你的外表穿著是否能準確的反映出公司的形象和產品？當眼睛看到的和耳朵聽到的不一樣時，人們會傾向相信眼睛所看到的，這就是「眼見為憑」。若你公司的大樓或辦公室看起來貴氣，你的穿著就要貴氣；公司的產品高檔，你的穿著就要高檔；能夠穿出個人與公司產品間的連結，就是最佳產品代言人。

② 準備最好的「戰備服」

每位從事業務、行銷的人員都要準備一套質感好、剪裁合身、能夠讓你看起來高貴而不浮華的「戰備服」。

這套「戰備服」依企業產品屬性，可能是全套套裝、半套套裝或商務便服。業務「戰備服」的質感，要能襯托出你的專業與產品特色，特別是「身分地位高」的客戶眼光通常犀利，即使他們自己不穿好衣服，也看遍了好衣服，往往一眼就能看出（或感覺出）你身上服飾的質感；而且他們通常很忙碌，好不容易騰出時間來聽你做業務報告，看到的卻是一位質感和他相差一大截的業務人員，就會打從心底無法把你當成「對手」或值得尊敬信賴的人，自然沒有太大興趣聽報告。

所謂的「好質感」並不一定是昂貴的衣服，而是「讓你看起來最有質感」的衣服。什麼樣的衣服才具質感？又該如何選擇？請詳見Chapter 3「重要單品的挑選」實作課程。

❸ 穿著有彈性

如果你第一次拜訪新客戶，或者尚無法掌握客戶時，穿著要「有彈性」。所謂的「有彈性」，就是可以Dress up，也可以Dress down。例如：女性套裝裡穿著七分袖針織衫，或男性西裝裡穿著結好領帶的襯衫，到達客戶處，萬一發現過於正式，可以脫下外套，剩下七分袖針織衫與窄裙，或是襯衫與西裝褲；這樣的小動作會讓客戶跟你見面時特別放鬆，並感受到你的親切與體貼，對業務的順利進行會很有幫助。

❹ 包包與鞋子看出品味

對業務人員來說，鞋子和包包也是整體形象的一環，更是

高階客戶或「有經驗的眼睛」會注意到的細節：如果說衣服是車身，包包、鞋子就是內裝。剛買車的人會注重車身，而買第二部或第三部車的人則開始挑剔內裝，因此不能小看它們哦！

準備一個能裝下所有文件的包包是很重要的，包包最好有硬挺度，不會讓文件折損，而且分格多，可以在拿取東西時輕鬆自然；千萬不要同時提了好幾個大包、小包去拜訪客戶，或是以購物袋代替正式的公事包，都有失品味。

此外，請選擇一雙舒適好走路、質感佳的鞋子，好鞋穿一整天腳比較不會累，而且它所帶來的正面形象絕對是事業的助力。如果你打算只買一雙鞋，男士請買黑色，女士則是黑色或咖啡色系，因為這些顏色能搭配大多數的衣服，是最實用安全的顏色。

before

after

西裝／襯衫／領帶
搭配得宜，
男人威儀自然湧現

「衣Q寶典」課程裡，人體力學專家鄭雲龍，完全掌握住西裝／襯衫／領帶搭配要領：「涇渭分明」又有「親戚關係」，得以展現男人「挺、亮、穩」的氣度！

祕書、特別助理的形象穿著

　　國外的「祕書協會」機構曾做過一項關於「祕書對職位升遷是否有期許」的實驗：接受訪問的三十四位祕書中，有十八位祕書想要往上升遷。他們也訪問了這些祕書們的老闆，想知道老闆是否瞭解他的祕書想要升遷？結果只有二位老闆看得出祕書有升遷的野心！當調查者將這項結果告訴這些祕書時，有些祕書很激動地說：「老闆是又瞎又聾嗎？難道看不到我們平日的表現與企圖心嗎？」

　　那些沒有被老闆看出擁有升遷企圖心的祕書們，雖然工作很努力，也很專業，但是對於日理萬機的老闆而言，無法一一詢問你是否想要升遷，他只能「看」你是否有想升遷的樣子，而外表通常是最直接的反射；當祕書的外表看起來像個助理，老闆當然只會以助理看待，而不是當成未來可能的管理者來栽培。據我瞭解，老闆所看的外表無關乎漂不漂亮，而是從穿著打扮、應對進退，是否有端莊沉穩的大將之風來判別。

　　有位客戶是某知名律師事務所的祕書，她說自我期許是成為「呼風喚雨的祕書」，乍聽到這說法時，我忍不住笑了出來，可是隨後馬上明白了：她其實已是個呼風喚雨的祕書了！這位祕書每次上課都穿著料好質佳的套裝，比律師看起

來還像律師。

在「衣Q寶典」課程換裝單元時，她只在意套裝要怎麼穿搭才好看；與我們分享她的工作時，很有信心地說：平日不但幫老闆管理行程、公事，同時想辦法讓他更有規律、工作更有效率，讓老闆和她之間產生良好默契，讓彼此間的運作更順暢。你瞧！這就是主動讓諸事運作順暢，知道如何讓自己看起來稱頭、讓老闆尊敬的祕書，這樣的人才未來成為行政主管的機率肯定很大，不是嗎？

祕書、特別助理的形象策略

❶ 祕書、特別助理代表老闆的形象

每位到公司拜訪的客戶，先見到的通常不是老闆，而是祕書，所以祕書是老闆對外的第一道關卡，也常是訪客對老闆的第一個印象。當祕書稱職又稱頭時，無疑暗示了老闆是個威儀人士，公司是個井然有序的公司；當祕書行事丟三落四，形象邋遢時，老闆與公司難免就給人零零落落的感覺；因而祕書的形象絕對是老闆與公司的無價之寶。

② 穿著可以比老闆莊重

身為祕書、特別助理的你，請記得隨時保持得體的形象，不要怕比老闆穿得莊重。每位老闆的穿著品味不同，可是心態卻是一致的：希望自己的祕書外表典雅莊重，在外人面前很有面子。所以工作量再怎麼多，行程再怎麼匆忙，樣子也要從容俐落；抽屜裡可以放些簡單的化妝品、梳子與鏡子，以備不時之需。

③ 外套是最基本的配備

如果老闆或公司大部分的人穿著套裝，請你務必也要穿套裝；如果他們平時不穿套裝，但會客或重要會議時會穿，也請

你穿著套裝；如果老闆的穿著與公司整體形象不符，例如公司是保守型企業，老闆卻穿得很「隨意」，那你當然也要穿套裝；或公司大部分的人穿得很休閒輕鬆，老闆則每天西裝筆挺，祕書、特別助理更是要穿套裝。

　　除了套裝外，像是合身典雅的洋裝、洋裝＋外套、或是窄裙＋內搭＋外套的穿著，幾乎也是祕書、特別助理的專業形象識別服。

before　　　　　　　　　**after**

聰明的職場佳人
最亮麗

職場佳人明瞭：她代表的不只是自己，也是她的老闆、部門與公司；因此，培養自己從容應對各種場合的氣度與氣質，最能贏得人心！

律師、會計師、精算師、
理財顧問的專業穿著

　　美國非常受歡迎的影集「艾莉的異想世界」(Ally Mcbeal)
裡面的美麗律師們，常穿著迷你裙套裝以及時髦的套裝，證明
自己是有腦、有身材、有生活樂趣的新女性。在臺灣顯然也有
不少的年輕律師開始模仿了。

　　有次演講結束，一位眼睛水汪汪、塗著水潤動人唇蜜、長
髮披肩、身著洋裝、腳上蹬著蝴蝶結裝飾的高跟鞋、聲音嬌嗔
的美麗女子走過來，她問：「老師，我要如何才能提升權威
感？」我問她從事的行業，她的回答正是「律師」。

　　真心奉勸每位專業人士，特別是律師、會計師、精算師和
理財顧問等行業的人，正因一般人很難在短時間內瞭解你是否
專業，所以判斷往往來自於你的外表「看起來」是否專業。
在還沒有讓別人百分之百肯定你，或是在業界取得一定口碑
之前，請依照你這個行業80％的成功人士的穿著為主，別受到
20％特異人士的穿著影響。聰明的你一定要學會如何在短時間
內讓人信賴，願意託付他最重要的生命或錢財。

　　其實你注意觀察穿著特異或「脫俗」的人能夠成功，多半

是因為有其他成功的「配套措施」，例如：能力特別強、說服力特別高、社交魅力無法擋等。換言之，有三百分實力時，禁得起被扣一些分數；但是實力只有一百分時，請不要讓不適切的形象自毀前程。尤其是這些專業職別的人，舉凡太可愛、太前衛、太嬌柔、太幼齒、太浮誇等形象，一般人通常很難安心交託委任案，因為這樣的形象不足以讓他們產生信賴感。

律師、會計師、精算師、理財顧問的形象策略

① 律師的最佳穿著

對律師而言，質感佳、剪裁好的西裝／套裝，是撐起形象大梁的重要戲服；一套很棒的西裝／套裝能幫助你在客戶面前建立「專業信賴感」。在此原則之下，再進一步依照客戶屬性做微調，也就是穿著的key盡量和對方有點類似，如此最能贏得客戶的「心靈信賴感」。

有位客戶在國際律師事務所工作，專門為創意產業、世界名牌以及影城等客戶做「專利著作權法」的服務，因此我在幫她採購衣服時，特別專注在有時尚感的套裝與搭配，讓她穿起來具備好萊塢明星級律師的架式。而另一位律師客戶則是專門服務傳統產業的老闆，因此我為她挑選的套裝皆為經典款式，再加上

不退流行的好錶、好包與鑽戒，讓她和客戶之間有「未說出」的社會層級連結，更能增進潛在心靈的互信。

❷ 會計師、精算師的最佳穿著

會計師、精算師通常給人「精確有條理」的印象，因此時髦絕對不是穿著上的優先考量；尤其是到大公司拜訪，或是和客戶第一次見面，最好以簡單、俐落、傳統、經典的款式，加上好的公事包，製造出一板一眼的fu，最能贏得客戶的心。

在美國曾做過一項調查：「什麼顏色最適合會計師？」結果答案是：「灰色。」灰色是個極度挑品質的顏色，會讓人產生極昂貴或極便宜、極有條理或極邋遢的兩極化印象；只有布料、剪裁完全正確，穿上灰色西裝／套裝才能讓你看起來高貴、精確、有條理；否則，灰色會顯出完全相反的質感。

當你和熟悉的客戶見面，或是在非會客的場合時，就可以考慮較為輕鬆的半套穿著，例如：男士穿著半套西裝或襯衫＋西裝褲＋背心，女士穿著半套套裝、洋裝＋外套、簡單有袖洋裝、襯衫＋及膝裙等。

❸ 理財顧問的最佳穿著

專業的理財顧問說白了，必須傳遞出：已在這個行業賺到錢，並且正在享受成功的image，才有絕佳的信服力。

我曾接受某家財經電視臺的邀請，為他們播報股市行情的股市分析師們上課，上課時，我以當時各家電視臺正在做股市

分析的名嘴形象來當現成教材；此時臺長轉到他們目前電視臺的畫面，說：「陳老師，這個人很有實力，分析也做得很好，但是收視就是不好，到底是為什麼？」

我看到他的外表樣子便說：「他來自比較偏遠的鄉村地區嗎？」

臺長很驚訝地說：「您怎麼知道？」

我說：「每個人都有出身之處的既定印象(stereotype)，他的模樣質樸，西裝、襯衫、領帶的品質與搭配很『陽春』，如果在偏遠的鄉村地區播報股市分析，收視率可能會不錯；但想在大都會地區受歡迎，他的樣子就必須改變。樣子需要更洗練一點，更重要的是需要看起來是個『已經成功』的人士，而不是『努力要成功』的人士，觀眾才會打從潛意識裡相信他，願意追隨他的腳步。」

我所認識的出色金融理財顧問都是品味人士，像我在台新銀行為該企業的高階理財顧問們做「頂尖業務形象穿著」的課程時，其中有位學員陳宏瑋獲得《商業周刊》所舉辦的超級業務王──「2011王者大獎」──金融業的提名，這是一位頂尖業務的最高榮譽。在面試之前，我為他調整了穿著，再度驗證了金融理財顧問的成功形象：使用好品味卻低調的品牌，讓個人呈現高尚知性的樣貌。當然，宏瑋最終以出色的才能與形象，贏得了該獎項。

look 1

look 2

優雅的會計師 Charleen，以「外套」展現專業經理人的專業，不管搭配裙裝的溫婉 (look 1)，或是搭配褲裝的文雅 (look 2)，都能為自己創造最具魅力的優質形象。

第10堂

教師怎麼穿才有魅力？

　　能在補習班受到學生熱烈歡迎的老師，除了教學方法活潑、教材創意有趣、表達生動熱情之外，在穿著上往往比過去更時髦開放：有些女老師喜歡穿著微露事業線的緊身上衣，以及露出修長美腿的迷你裙；而男老師則剪了流行時尚髮型，練就一身精壯好身材，甚至穿著貼身、領口開得較低的衣服，以「花美男」的形象上課，引起媒體的勁爆話題和家長們的討論和緊張。

　　但從「微隱服飾心理學」的角度來看，我覺得這些老師很懂得高中生年輕氣盛的心理：當女老師穿得比較「露」時，高中男生上課會保持「興奮感」；或者看到男老師健康精練的體魄，加強他們想健身成為型男的渴望；而高中女生在看女老師大眼小臉的彩妝、大捲浪漫的頭髮，以及時尚合身的潮服，滿足了她們內心對美麗的羨慕；男老師英俊帥氣的魅力，也無疑提高了她們的學習專注力。如果從外表的穿著可以讓孩子們保持精神、增加學習力的角度而言，這些老師的形象策略的確是成功的；否則在學校已經上了一天課，晚上或假日還要補習，精神非常容易渙散呢！

　　不可諱言，每堂課都是一場show。如何在不同課程、不同對象中，演繹最精采動人的show，讓學生能夠聚精會神吸

收課程的精華？除了課堂上老師豐富的專業知識、多元的教材
與活潑創意的教學方式外，上課的「戲服」也絕對是吸引學生
專注力的功臣之一。

教師的形象策略

① 學校老師：遵守體制不暴露

其實學校和企業一樣，有自己的特色和文化，老師需要遵
守學校的Dress Code來穿著，而學校的Dress Code幾
乎都是以最高道德規範來制定，所以老師的穿著
還是要端莊，可以時髦但不可暴露。現代的學生
愈來愈關注視覺，無論男女老師，當穿著雅俗
共賞時，絕對可以為授課的效果加分。好幾位
上過「衣Q寶典」課程的學校老師分享寶貴的
經驗：當他們開始注意並改進自己的穿著及裝
扮之後，學生上課比以往更專心，學習興趣
提升，和老師的關係也變得更好，讓他們很開
心。

服裝的力量真是不可思議，當你看到鏡中充
滿魅力的自己的一剎那，就已經引動了內在快樂的
能量，而外在的漂亮和內在快樂的能量合力激發了周
遭人士的能量，於是快樂的能量穿流在彼此之間，讓這個世界
變得快樂起來。我要特別對樸素已久的老師呼籲：一定要愛漂

亮！過去的穿著座右銘「整齊、清潔、簡單、樸素」雖然很安全，但藉由「漂亮」可以輕易地為你和學生帶來快樂的能量。

② 補習班老師：自己就是品牌

補習班的文化和一般學校是很不相同的，每個補習班老師都會傾全力突破傳統教學的方法，增加學生學習的興趣，提升精神專注力，例如：生動的表演、辛辣的笑話、誇大的肢體動作、特殊的教材、華麗的穿著，還有老師為了讓教材內容容易背誦記憶，將數學公式編入流行歌曲，讓學生可以邊唱邊記呢！基本上，好的補習班老師大多是受歡迎的表演者，也是個「品牌」，在穿衣打扮上務必參考PIS操作法，為自己創造出最引人矚目的補教老師品牌識別。

③ 企管老師：你是領導者

企業講師們面對的是更挑剔的社會人士，要讓已出社會的學生信服你，願意花時間、花金錢聽課，不能只把自己當成老師，更要把自己當作「領導者」；只有成功的領導者形象，才能增加你的說服力，讓社會人士信任並追隨你所教授的主題。

我觀察許多企管老師們，大部分會以西裝／套裝為主要服裝，但是穿上這些服裝不代表就像個領導者，應該要進一步詢問下列問題：

- 你的聽眾層級為何？你的穿著要比你的聽眾稍微好一點。
- 你教授的主題為何？是親子、環保、理財、兩性、領導或管

理……？不同的主題需要不同的衣著表達，依照主題做調整最貼切。

· 你的個人特色是什麼？如果你是個明星，會如何包裝自己？只有懂得自身的特色，將自己當成明星來裝扮，才能像明星一樣在臺上閃亮發光；不要懷疑，在臺上的你，就是「明星」。

before　　after

不斷學習，
遇見更好的自己

畢業於臺大研究所的紫微老師詠昕，在上課時分享她的心得：「我送給自己最棒的禮物，就是參加『衣Q寶典』課程；在課程中，陳老師祝福我『活出燦爛，活出美麗』；現在，我真的變美，生活也變得多采多姿！」

有位客戶是個實力堅強的口語表達講師，受到許多公司、機關的喜愛，到處去演講、上課；有次她到一家公司上課，負責安排課程的經理很誠懇地跟她說：「老師，您的實力很強，課也上得很好，但是依照您目前的樣子，講課的價碼恐怕永遠無法往上提高。」於是她決定來學院上課，加強外表實力；現在她的上課價碼已是以前的五倍了。

before　　　　**after**

你就是
「贏家教練」！

補教界公認最強的數學老師，也是新一代成功學名師尚明，找到煥然一新的元素，掙脫過往的穿衣習慣，營造出前所未有的帥氣與魅力！

老師的形象原則提醒

無論你是屬於哪一類的老師，以下兩項原則都是相同的：

❶ 穿著和背景顏色對比的衣服

請試著去明瞭：上課時，學生的視野所及不是老師一個人，而是「老師＋麥克風＋背景」的整體。就像我們看演唱會時，演唱者與背景之間要有一定程度的顏色對比或明暗對比，才能突顯演唱者，才不至於讓觀眾找不到主角；同理，老師穿著與背景對比的衣服時，才能讓學生專注在你的身上，增加學習效果；否則，不管老師如何賣力「演出」，學生都很容易失去焦點而成為「點頭族」。

❷ 檢視穿著三百六十度滴水不漏

學生就是觀察者。上課時，學生會看到老師全部的穿著，包括前面、側面、後面、頭髮、項鍊、上衣、內衣、下身、鞋子等；因此老師不能只顧前面而忽略後面，只顧上面而忽略下面，而是要在出門與上臺前先三百六十度檢查全身的形象，以學生看你的角度來看自己就沒錯了。

第*11*堂

政治人物、公務員
的專業形象穿著

　　1960年，美國舉行了史上第一次總統選舉電視辯論，由甘迺迪對尼克森，全國約有七百萬人收看了直播。民意調查顯示，聽收音機的人，大多被尼克森的精采言論打動，認為他應該獲勝；然而，看電視的人卻認為甘迺迪應該獲勝。因為電視觀眾只記得尼克森在螢幕上，滿臉鬍鬚、額頭上滿是汗珠，以及一臉病容的樣子，多於他的滔滔雄辯。當時負責論壇的CBS電視臺事後進行民調，推算出有四百萬選民想投甘迺迪一票，其中有72%是受了電視畫面的影響。選舉最後的結果，甘迺迪以些微差距的票數入主白宮，創造了大選電視辯論新的一頁。

　　我相信沒有任何政治人物會打從心裡否定外表與選票之間的關係。有位從事微整型的醫師朋友曾跟我分享：每當選舉之前的半年時間，就會有許多政治人物找他「整修門面」；大家心知肚明，外貌長得好看絕對能夠錦上添花，增加群眾緣。

政治人物、公務員的形象策略

❶ 政治人物以「經典服飾」提高民意支持度

　　美國前國務卿季辛吉是位遠離家園移居美國的德裔猶太人，雖然年輕時經濟拮据，但有遠見的他，從哈佛大學畢業、擔任國會助理之初，毅然決然地用了幾乎一個月的薪水，到國會議員常去的西裝店訂做了一套價值不菲的西裝。他知道：唯有讓自己的外表「上道」，才會讓國會議員們認為他「上道」，將他視為一份子。

　　政治人物包含高階官員與經由選舉產生的民意代表，真心建議每位政治人物要學習季辛吉「上道」的精神，穿著經典服飾；如果你是對服飾沒有概念的人，更應該選擇經典服飾。

　　經典服飾是在當季流行叢林中，被大眾所接受而篩選留下，之後又匯入下一季流行，再被眾人接受而篩選留下——如此不斷的經歷「篩選留下、匯入下一季，篩選留下、匯入下一季……」的過程，而存留至今的服飾。換句話說，經典服飾是經歷人們「投票」後續留下來的，是經過考驗而受大多數人喜歡的，不易出現負面的評價，因此能夠獲得多數選民的信賴與喜愛。

　　特別是年輕的女性政治人物，不要害怕選擇經典服飾會看起來老氣；事實上，經典服飾能成為最大的賣點，讓你在年輕外表中帶著沉穩，青春歲月裡有著成熟，建立值得信賴的好印

象，助你一臂之力。

❷ 公務員以「商務便服＋外套」增加服務好感度

公務員是國家政府的門面，真心建議政府應該訂定明確的 Dress Code，讓公務員有清楚的穿衣規定。一般公務員在服務人民時，穿著應該以「樸素得體卻不單調」為最高穿衣原則，務必避免穿著短褲、超短迷你裙、破洞牛仔褲、洞洞裝、拖

before

after

真正的精采就在
你「破繭」而出時

背心讓男士輕鬆又正
式，為你製造知性、
穩重的信賴形象，讓
男人散發優質的光
芒。

鞋、涼鞋，不化妝、頭髮不潔或抹過多髮油、衣服過舊或磨損、披頭散髮來上班，以免壞了國家形象。

可以以簡單的商務便服為基調，適時帶著外套，在需要出席開會、會見訪客時穿著，將為你的形象帶來專業的正式感。女性公務員還可以佩戴適當的配件，如耳環、項鍊、絲巾、別針等，不但為整體造型畫龍點睛，更能增添莊重感與活力。

before

after

改變，從心建立
就能恆久

甜美與認真可以被整合在一起；只要你穿對了，每一個時刻的你都是「人氣王」。

第*12*堂

醫師的專業形象穿著

加拿大情境喜劇節目——「歡樂夏夏叫」(Juste pour rire) 有個橋段是這麼演的：有位演員先假扮成醫生，穿著醫師袍等病人看門診，當病人進來以後，醫生突然感到肚子痛要上洗手間，於是他脫下醫師袍請病人暫時穿上，因為醫師袍剛燙洗過，他不想讓衣服有皺褶；而病人好心地穿上了醫師袍，並坐在醫師椅上等待。當假醫生前腳出去，後面馬上進來另一名假扮病人的演員，他對著暫時穿著醫師袍的真病人熱切地敘述他的病情，真病人一面搖頭、一面解釋說：「我不是醫生。」

假病人拉著他的醫師袍說：「你不是醫生為什麼穿醫師袍？」

真病人又說：「我只是暫時幫醫生穿一下。」

假病人故意發飆：「你是醫生為什麼不承認？你明明就是穿醫師袍的醫生為什麼不承認？」讓真病人窘態百出，而觀眾也笑翻了。

醫師袍就是醫生最重要的專業服裝，我們在這一章的開頭就描述了「白袍的力量」；醫師朋友們告訴我：他們幾乎90%的工作時間都會穿著醫師袍，西裝外套只有從家裡到醫院

之間，或平日開會，或與友人吃飯時才穿。

　　正因醫師袍占了醫生幾乎全部的時間，我總是很實際地建議醫院的院長們：可否讓醫生穿得體面一點？因為醫師袍的布料與剪裁經常看起來軟軟的、塌塌的，顯得沒有精神；如果醫院沒有這方面的預算，建議每位醫生朋友們：自行訂做幾件醫師袍，選擇挺一點的布料，合身一點的剪裁，花點小錢換來一整天的好精神是值得的。

醫師的形象策略

❶ 注重上半身的親切感

　　白色醫師袍在日光燈的照明與醫院的氣氛之下，會更顯得嚴肅，建議醫師們避免穿著白色上衣，因為它會讓臉部顯得慘白。建議選擇柔和的色彩，如淡藍、粉紅、淡黃色等，一來會讓你看起來更親切，二來這些顏色和醫師袍的顏色呈中度對比，可以穩住臉部的色調，也因此安定了患者的心情。另外，醫師袍是每天固定的「外套制服」，建議購買上班服的時候，不妨帶著醫師袍一起去試穿，如此一來就不需要憑空想像：領型和顏色與醫師袍配起來是否好看的問題了。

❷ 注重下半身的品味

　　千萬不要認為穿上醫師袍，下半身的服裝就不重要了！男醫師下半身服裝適合穿西裝褲、卡其褲和皮鞋，不可穿牛仔褲和球鞋；女醫師選擇及膝裙或長褲會比長裙看起來俐落，包鞋會比涼鞋專業。

❸ 脫下白袍後的形象

　　醫師的工作其實很忙碌，除了門診之外，還要參加大大小小的學術研討會，擔任管理行政職的醫師，還要參與醫院的行政會議等；此時脫下醫師袍的你，記得加上一件西裝外套，輕易彰顯你的專業形象與個人魅力。

尤其當醫師有機會在其他醫師面前做簡報時，面對的挑戰高於常人，因為聽眾都很「聰明」，他們不會花多餘的精力在「不怎麼樣的人」身上。有位醫師客戶告訴我：有次在學術研討會做簡報時，他發現坐在底下的長官、前輩們都沒有真正在聽他的報告，讓他感覺很挫敗。於是我建議他：穿上最棒的那一套套裝吧！當他穿著正式而剪裁合身的經典套裝再次做簡報時，這一次所有人都聚精會神地看著他、聽著他，並且反應熱烈，效果真的差很大。

before

after

美麗是
飛往幸福的翅膀

芳瑩醫師抓住開啟美麗的鑰匙，讓幸福的外表代她說出內心的話語，令人羨慕！

第*13*堂

工程師、系統分析師、生技人員、研發人員的專業形象穿著

　　有位生技公司的老闆客戶Diana，在參加學院的課程之前，是位受人尊敬的研發專家，她一向認為頭皮底下的聰明才智比外表來得重要；直到一位日本知名製藥廠總裁來臺拜訪時，她帶著一群穿著隆重西裝的男性主管在門口迎接貴賓，總裁下車看著前來迎接的人，竟直接往那群男性主管面前尋找老闆，而將她當成了祕書。自那天起，她深切地感受到：即使學富五車，但是一般人無法從外表看出你的才高八斗。現在，她不但非常重視自己的形象，也認真要求公司的研究人員們不要犯了她過去的錯誤！

　　工程師、系統分析師或是生技人員、研發人員，常給人「生命中只有研究，沒有其他」的誤解，因為實在是穿得太「宅」了。太「宅」的穿著不但會給人邋遢的印象，更會阻礙升遷的機會。不過有趣的是，科技人員雖然穿得太「宅」，但高階主管卻完全不一樣，他們與研究人員穿著的最大不同在於：科技業高階主管對於形象的塑造較具「政治意識」，他們知道穿什麼比較像管理者——或者更明確地說：他們早在初級階段就知道要穿什麼比較能得到管理者的

重視。若你的職涯規劃以主管職為目標，建議你穿襯衫會比polo衫好，穿長袖會比短袖更合宜。

工程師、系統分析師、生技人員、研發人員的形象策略

❶女性穿著剪裁合身的長褲或窄裙＋線衫或襯衫

　　女性科技人員切忌穿得像男人，而給人「男人婆」的印象；也不要打扮得像model般時髦，會因不像「圈內人」而顯得格格不入。

建議「剪裁合身的長褲或窄裙＋線衫或襯衫」是女性科技人員的基本裝扮。最好還能加上一件外套，可以是套裝外套，也可以是針織外套，會讓妳在男性群體中更顯專業（對管理職有興趣的女性最好加上套裝外套）。在中性裝扮中帶點女性化的暗示，也是女性科技人員聰明的穿衣哲學，但請避免過於柔美的印花、全然女性化的裝扮，或者是過於時髦花俏的衣服。最後請記得：輕便不等於隨便，女人不修邊幅給人的負面印象永遠大於男人。

❷ 男性穿著西裝褲或卡其褲＋襯衫

西裝褲或卡其褲＋襯衫是男性科技人員穿著的基本準則。襯衫可以是素色、條紋或格子，有志於管理職的人，請以長袖襯衫代替短袖襯衫，襯衫的材質要挺，才能襯托氣度，必要時還可以加上與長褲不同顏色或不同材質的西裝外套。

請絕對避免穿著Ｔ恤、牛仔褲、短褲、球鞋、涼鞋、拖鞋等裝扮，那只會讓你看來隨性，卻無法贏得信賴感。

❸ 管理階層需加件西裝外套

對於管理階層或是想要晉升的人而言，半套套裝或是在商務便服外面加件西裝外套會是很好的選擇；它的彈性在於可在辦公室內辦公，又可在接待來賓或主持會議時突顯領導形象，是個方便又不失專業的選項。

before

after

傳播媒體工作者的專業形象穿著

有智慧的資深媒體人總是懂得以「觀眾」的角度來打點自己。我有次受邀參加一個談話性節目，主持人因施打肉毒桿菌的效期到了，但還沒有去打，因此臉型很明顯的歪了一邊，於是他在錄影時一直以「側臉」面對鏡頭。另有位媒體朋友有一段時間經常以「四分之三側臉」對著鏡頭，就是因為另一邊頭髮掉得很厲害。

「以觀眾的角度看事情」是成功媒體工作者的基本要素，像廣告影片、文案撰寫、燈光、音效、字幕等工作，以「觀眾」的立場做思考、以「觀眾」的眼睛看事情、以「觀眾」的耳朵聽聲音、以「觀眾」的感覺去感受，最能打動觀眾的心；當然其中也包括以「觀眾」的角度打點形象。

專業的主播、主持人、演員、歌手等都知道：平時好看的彩妝並不代表上節目時也好看，因為電視攝影棚的特殊打光效果和平日的燈光是大不同的，電視臺後臺的梳妝室燈光會調得跟前臺一樣，才能化出正確的「電視妝」。一位常上電視的好朋友，他覺得自己的臉大，觀眾透過螢光幕看會再被放大，因此化妝時會特別在下巴加上「陰影」，讓他的臉在鏡頭上看起來袖珍許多。

媒體工作者有的在幕前曝光，有的是幕後英雄，不同的工作性質當然有不同的形象準則，可是隨時隨地以「觀眾」的角度來打點自己的原則是不變的。

傳播媒體工作者的形象策略

❶ 幕前工作者：找到自己的PIS

電影「大藝術家」(The Artist)
裡，女主角一心嚮往演藝之路，某
天幸運地受到男主角的點化：「想
在演藝界不同於其他人，妳就要來
點不一樣的。」於是，他在女主角右
邊鼻下點了一顆痣，馬上變成一個「不
同於任何女星的女明星」。之後，她上
臺前化妝，都會在固定的部位點上一顆黑
點，這顆痣從此成了她個人的識別標誌。

現今是遙控器在手、動動手指就能快
速轉臺的時代，希望讓人目光一瞥就知道是你
嗎？每位在螢光幕上被大家記得並且喜愛的媒
體工作者，幾乎都有專屬的PIS。例如：亮麗的
舒淇出現一定會塗上紅豔的唇色；行事作風很
有個性的歌后王菲曾以「曬傷妝」引領流行；而

創作才子周杰倫的單眼皮＋修整過的鬍鬚，更是他個人的註冊商標——這些裝扮就是專屬的PIS裝扮。想在螢光幕前走紅的人，一定要找到自己的PIS，才能奠定識別品牌，易於被觀眾記憶。

找出個人PIS的同時，也要注意穿著與背景的關係。你所穿的衣服必須能突顯自己，而不會淹沒在背景中，成為毫不起眼的小角色。

② 幕後工作者：商務便服讓工作彈性加大

對於不需要上鏡頭的幕後工作者，可能是記者、企畫、公關等，請掌握穿著商務便服＋外套的技巧。尤其是記者們，基本上你的樣子就決定了今天的採訪會不會成功，甚至工作前途都隱含在外表形象裡。例如：採訪大老闆時，穿著牛仔褲絕對無法訪到好故事，因為你的樣子和他不像，讓他無法對你放鬆、暢所欲言；但是採訪在地生活新聞時，穿全身套裝反而讓受訪者倍感壓力，無法吐出真言。只有穿得「物以類聚」，才能有同一掛的認同感。當採訪對象不是很確定時，最好的平日服裝就是商務便服＋外套，方便因應採訪對象與路線，即時調整才不會失禮。

③ 媒體主管：套裝＋流行元素更有前瞻性

因為媒體屬於資訊前端的行業，所以在媒體擔任高階主管的人，可以以「套裝＋流行元素」的穿著來增添領導者魅力；

因為「西裝／套裝」可以顯露主管的架勢，增加「流行元素」
則可以代你說出行業別。

look 1

look 2

簡單變身，
工作更給力

智慧穿著最能拉近距
離，例如記者採訪的
時候：look 1 的優雅
裙裝讓老闆對你敞開
心房，look 2 的親切
商務便服讓民眾願意
靠近你。

第15堂

廣告、設計、創意工作者的
專業形象穿著

　　在美國亞利桑那大學念研究所時，有位從荷蘭來的藝術家，名叫Anka，她是教我「服飾繪」的老師，也是購買我設計衣服的客戶。有段時間常到Anka家學畫畫，她家座落在有著滿滿「燭臺仙人掌(Saguaro)」的山谷，在夕陽照射下，山谷一整片金黃，猶如太陽神殿般璀璨奪目；下了一場雨之後，仙人掌吸飽水分，就會變得肥厚，運氣好還能看到美麗的花朵，景色真是美不勝收。而Anka把美國西部的仙人掌、蜥蜴、印地安人、山景、沙地、夕陽等主題，全化為她的繪畫、雕刻和壁畫作品，成為當地著名的飯店、藝廊和某些知名總裁、醫生家中的收藏品。

　　Anka的成功不僅是擁有藝術天分，她本人更是迷人；我曾受邀參加Anka招待重要客戶的餐宴，她的魅力總是征服全場，很會炒熱氣氛、妙語如珠，雖然她本身不太會喝酒，可是餐宴總是笑聲蕩漾，令人陶醉。

　　每次Anka開畫展時，她的模樣宛如從畫裡走出來的人物般傳神，譬如：穿著印地安長洋裝＋鑲有綠松石的手工寬版銀製項鍊＋寬版銀製手鐲＋草編繫帶涼鞋，或是印有仙人掌

的衣服＋牛仔褲＋馬靴＋牛仔帽，讓裝扮和她的作品彼此融合，彷彿自己也是一件藝術品；而她的穿扮無疑就是讓客戶動心的催化劑，誰不想擁有一幅傳神女人的西部藝術作品呢？

廣告、設計、創意工作者的形象策略

創意工作者通常是天生的sales，賣創意、賣想法。如果能將這與生俱來的天賦，像Anka一樣延伸到自己的形象上，相信你成功的機率一定很高。

❶ 時髦仍然專業

在廣告、出版、藝文或時尚界等領域工作的你，穿著理所當然可以自由奔放、不按牌理出牌，但若讓人感覺「對衣著的創意遠超過對工作的創意，對挑選衣著的努力多於對工作的努力」，那肯定是不好的。時髦仍然專業，流行卻不暴露，應該是想在專業領域發光的你，必須時刻謹記在心的穿著守則。

❷ 創意中帶著權威

　　國外曾對從事創意行業的女性做調查，發現穿著時髦、打扮前衛的女性，職位和薪水遠遠被低估，表示流行時髦確實很cool，但專業能力卻難以被顯現出來。建議在才氣未獲得全面肯定之前，不要過度標新立異，或是穿著過於暴露。必要時，為自己加件外套，會有助於增加專業形象或主管威嚴，例如：合身西裝＋喇叭褲，皮外套＋白襯衫＋繡花裙等。

> **創意，要建築在
> 驚嘆與和諧上**
>
> 充滿藝術家氣息的
> 人，並不需要放棄
> 自己獨特的品味，只
> 需要小小的修正，就
> 會很有魅力。敬棟將
> 頭髮束起、選擇更合
> 身、配色單純的衣
> 服，再利用馬靴帶出
> 瀟灑不羈的俊雅，就
> 能讓整體線條清楚簡
> 單，流露清新俐落的
> 藝術氣質。

before　　　　　**after**

❸ 你，即是最佳代言人

　　創意行業裡建立「個人品牌」是非常重要的，可以輕易讓人對你留下深刻印象；並且擔任作品的最佳代言人，誰能比你更適合？像微風廣場的孫芸芸，以名媛千金的形象著稱，自然也會吸引許多名媛千金到那兒shopping；太平洋SOGO百貨董事長黃晴雯，常常利用不同品牌的組合創意來表現不凡的品味，著實也為職業婦女最愛逛的百貨公司做了最佳代言。

第*16*堂

制服的專業形象穿著

你或許很好奇「成功的企業制服」究竟是如何設計出來的？我來分享兩個案例：

二年前，我受邀為礁溪長榮鳳凰酒店設計飯店制服與住房貴賓的浴衣，由於同區域還有另一家五星級飯店，為了區隔兩家飯店的定位，設計時，特別針對礁溪長榮鳳凰酒店的企業文化精神、企業願景做研究；最後決定以臺灣清甜女性的形象做為設計重點。

我選擇以「透明紗」為主題，代表「水」的意象，表現輕盈、快樂的服務精神；依照不同的部門，將透明紗設計在領子、袖口、裙襬等處，服務人員在飯店內穿梭時，就像輕快飛揚的服務天使。而貴賓所穿著的浴衣，則是以「情侶裝」的概念做設計，每一層樓都有不同的感覺，以美麗的印花棉布做為女性浴衣的素材，再從其中萃取出一種顏色做為男性浴衣的主色，並在衣領中嵌入女性的印花布料，而在女性浴衣的衣領裡嵌入男性的素色布料。此外，還在浴衣上附加了一張小卡片，就是要讓每一對貴賓們感受到「你儂我儂」的甜蜜幸福氣氛。

為臺灣人壽設計企業專屬制服則是完全不一樣的思維。臺灣人壽是臺灣第一家成立的壽險公司，過去由政府經營，以服務公務人員為主；轉型為民營化後，將營業項目擴大為投資、

理財等國際金融服務，所以勢必需要在原有的形象上加入國際形象的元素。設計時，我以公司企業色：灰、紅為制服的主要顏色，設計出讓不同身形的人穿起來都好看的套裝；最重要的是：利用制服精簡、淡雅、高貴的形象，輕易整合了不同年齡層、不同教育程度、不同環境背景等員工的素質，營造臺灣人壽知性、信賴、親切、沉穩的整體新形象。

我常提醒老闆：制服不一樣，企業看起來就不一樣！有規模的企業會特別重視「制服」，因為好的制服可以完整傳遞出苦心經營公司的價值，並提高員工的向心力，更重要的是清楚明白地宣達企業的品牌精神、產品特色、員工氣質等不同面向的品牌形象。所以當企業決定穿著制服時，一定要謹慎規劃。

企業制服的形象策略

詩人徐志摩說：「數大便是美。」意思是指：當數量極為龐大時，細小的缺點已經看不到了，因為全部轉成一整片壯麗的景色，讓人只能驚嘆，不能細看。相對於制服的解讀就是：當大家穿著一致時，傳遞出來的訊息是強烈的，可以是大好，也可以是大壞。以下是讓企業制服「大好」所應依循的重點：

❶ 制服吻合企業形象

每個企業都有獨特的「個性」，不妨想想：哪種形容詞可以形容你的企業、文化或產品？是活潑、專業、創意、國

際化，或是其他的特質？而公司的企業色、CIS等為何？這些形容詞、企業色、CIS等公司的「個性」都可以具體化為被穿在身上的形象元素；例如：「企業色」成為制服的色彩元素、「專業感」成為制服的版型元素、「國際化」成為制服的配件元素等。假若無法成功轉換企業的特質元素成為形象穿著元素，不妨尋求專業形象顧問的協助；很多人以為只要把CIS放在制服上就好，但是有些CIS的元素只適合印在紙上，而無法穿在人的身上。而術業有專攻的專業形象顧問會瞭解如何萃取企業元素，將它漂亮地轉移到制服設計上，真正設計出符合企業理想的制服。

② 重視舒適性與功能性

　　臺灣人壽制服設計案中，我發現許多員工上下班的交通工具是摩托車，因此為女性制服在裙子處打三個紅色的內褶，除了騎車活動方便外，若隱若現的紅色也讓女性更顯魅力而開朗。企業在設計制服時，應為員工多方設想，例如：必須久站的工作，應避免太高、太細的鞋跟；不易皺的布料可以讓員工減少整燙衣物的困擾等。

③ 小細節不可忽略

　　許多企業雖然訂定了制服，卻忽略了小細節，其實細節才是制服成敗的關鍵。小細節如首飾、髮型、名牌、鞋子等都會影響制服的整體觀感。我曾檢視一家百貨公司的制服，款式

設計雖然雅致，卻因員工佩戴名牌及繫圍巾的位置不一致，而產生凌亂感，因此建議名牌一律別在衣服口袋上方一公分處，圍巾統一繫在左肩，整合了視覺上的一體感；後來企業主向我反映：小小的更動真的提升了整體門市的形象，使門市更有朝氣，連帶提升了業績。

④ 制服一定要好看

　　制服的款式一定要能讓大部分的人穿起來好看，若企業主缺乏這樣的觀念，往往會選擇外觀好看的衣服，而不是人穿起來好看的衣服。例如：有些老闆會以航空公司的制服為依據，但航空公司的制服是專門為身材高姚的空姐、空少們設計，不一定適合大部分人的體型。

　　常見到的制服地雷如下：款式會讓人看起來變胖、變矮，質感不佳看起來廉價，樣式老氣過時、沒有精神等。人是視覺的動物，聰明的企業主一定明瞭：讓員工穿著自信、好看，相對的也能提升整體士氣，自然就能創造更好的工作績效。

訂定公司員工Dress Code

　　制服除了有專業的設計流程外，還有一整套能讓制服穿出企業精神與文化的Dress Code（穿著密碼），也就是公司穿著的SOP（標準流程化）：包含了各個部門完整的制服穿著規範，並且加入配件、髮型、鞋子、包包等搭配公式；像是公司

名牌該別在制服的哪個位置、所配戴的首飾有哪些、包包顏色的選擇、春夏和秋冬的穿著差異等。

臺灣高鐵要營運前，制服是由知名設計師陳季敏小姐設計，而我進一步為他們建議Dress Code：為了符合臺灣高鐵的精神，以制服的特色為基礎，整合了制服的正確穿法、髮型規範、彩妝化法、識別證位置與服務禮儀等，讓制服更傳神地表達出臺灣高鐵活潑、親切、禮貌、負責的態度，為臺灣高鐵建立良好的根基典範。

唯有訂定明確的Dress Code，方能真正整合員工形象，建立員工重視專業形象的共識，進而讓員工形象成為企業無形的競爭力；畢竟一套制服所費不貲，穿上制服只是穿上「形」體，穿出美觀才是「氣」韻，唯有形氣相融，企業的文化精髓才得以傳承。

教育訓練是Dress Code的執行前哨

根據我的經驗，Dress Code的發布或改變，對公司和員工而言都是一項重大變革，要小心的從觀念上溝通，讓員工打從心裡認同。若只是由老闆或人事部門單向公布一紙文令，容易讓員工有被限制、被壓迫的感覺，進而引起反彈。在輔導企業建立專業形象的過程中，我會希望領導者能配合正確有效的步驟，在還沒有對員工做好專業形象教育訓練之前，避免過早宣布實施新的Dress Code；因為員工不一定瞭解專業形象的重要性，過早或沒有技巧性的宣布新Dress Code，只會讓好的政策引起反彈，甚至胎死腹中；要讓員工起而效行需要專業的溝通、宣導，以及謹慎的作業程序，如此政策方能完美順暢地施行。

look 1　　　look 2

look 3

此為長榮礁溪鳳凰酒店服務人員的制服。以臺灣清甜女性的形象為設計概念，取「紗」象徵「水」縫製在制服中 (look 1)，讓大廳服務人員如「鳳凰」般輕盈飛舞，令人想要親近。

餐廳服務人員的制服使用最能引發味蕾的橘色 (look 2)，讓每位貴賓享受食物更能津津有味！

look 3則為長榮礁溪鳳凰酒店榮獲「2010冬戀宜蘭溫泉季」浴衣大賞網路票選第一名的浴衣，其設計概念是從女性浴衣的棉布料裡萃取一種顏色做為男性浴衣顏色，並且在彼此的浴衣中加入對方的元素，呈現出情侶「你儂我儂」的幸福感。

給管理者的二十道思考題

也許有些企業經營者或管理者不知道自己的企業是否需要訂製「制服」或是「Dress Code」（可以只訂定Dress Code；但若有企業制服，一定要和Dress Code合併實施，效果最佳），請試著回答下列問題，能有效幫助釐清思考：

☐ 公司有規定的制服嗎？

☐ 制服有表現出公司文化和精神嗎？

☐ 員工對於公司制服的評語是：＿＿＿＿＿＿＿＿＿＿＿＿＿

☐ 外界對於公司制服的評語是：＿＿＿＿＿＿＿＿＿＿＿＿＿

☐ 主管們對公司制服的評語是：＿＿＿＿＿＿＿＿＿＿＿＿＿

☐ 你個人對公司制服的評語是：＿＿＿＿＿＿＿＿＿＿＿＿＿

☐ 若沒有制服，請問公司的企業形象適合穿著西裝／套裝，或商務便服？

☐ 公司不同部門（如內勤與業務）適合的衣著相同嗎？

☐ 公司有規定「休閒星期五」的穿著嗎？

□ 公司人員儀容（包含髮型、鬍子、指甲）有明確可以遵循的原則嗎？

□ 公司人員身上的配件，包含手錶、首飾、皮帶、鞋、襪、識別證等，有明確可以遵循的原則嗎？

□ 公司女性員工的彩妝是否以自然透明為主？是否明定妝容不可誇張或不可完全不化妝？

□ 公司人員身上的味道（包含香水、髮臘等）是否過濃而令人不舒服？

□ 你希望公司給外界的印象是什麼？

□ 你覺得公司員工形象最好的人是誰？為什麼？

□ 你覺得公司員工形象最讓你難以忍受的是什麼？為什麼？

□ 你希望員工的穿著朝哪個方向進步？

□ 若有員工穿著不得宜時，誰會告訴他？負責單位與人員是誰？

□ 當新進員工進公司時，有被明確告知合宜的穿著為何嗎？

□ 你需要專家的協助嗎？

PERFECT IMAGE

貓咪攝影家小賢豆豆媽，在繽紛的色彩裡看到鏡頭下最亮麗的自己。豆豆媽改變了，你也可以！

CHAPTER 3

重要單品的挑選

愛爾蘭作家——王爾德：「人需要一件藝術品，或者需要穿一件藝術品。」

從你選擇穿上這件衣服的當下，就代表你能否卓越成功；穿著，是形象的頂尖藝術。

第*17*堂

花最少的錢
建構自己的「基本服飾骨架」

　　準備採買上班行頭之前，請先打開你的衣櫥，仔細計算一下衣櫥裡的資產有多少？在學院的「衣Q寶典」課程裡，我總會請學員回家計算自己衣櫥裡的資產價值多少，包括衣服、首飾、絲巾、領帶、皮帶、鞋子、包包等，發現從數十萬到上千萬都有；而在衣櫥資產裡，一般人常常使用到的服飾往往只占了20%。

　　這個課題往往讓學員感到吃驚，一來沒想到自己的衣櫥是如此的「豐富」，二來這才瞭解原來衣櫥80%投資是浪費掉的。相信精於計畫與投資的你讀至此，一定也會開始思考：

一、擁有這麼多資產，效能卻只發揮20%，太划不來了。

二、如果將浪費掉的80%金錢拿來做其他投資，不是更好嗎？

三、80%的浪費來自於不瞭解自己需要什麼、適合什麼。我們每天都要穿衣，未來日子當然還會繼續穿、繼續買，如果能事先瞭解自己該買什麼，80%的浪費應可避免吧？

四、如果早知道浪費80%的金錢買了不合穿的衣服，就該拿這筆錢買真正喜歡的好衣服，結果會更好吧？不但更有魅力、更有質感，也會更快樂吧？

讓衣櫥成為效益最大的投資

衣櫥就是投資，投資你的事業、投資你的美麗、投資你的自信，而成功的衣櫥投資基本要素就是：讓每一件衣服都能發揮最高的CP值。如何做到？在此提供大家一個簡單的方法：就是為衣櫥建立「基本服飾骨架」。

什麼是「基本服飾骨架」？「基本服飾骨架」是建立少即是多，創造最高CP值的衣櫥基礎工程。任何理財專家都知道要先存夠第一筆錢，再利用這筆錢創造更多的財富，「基本服飾骨架」就是所存的第一筆「職場形象基金」，有了它，其他買進來的東西才可能產生加乘的效應。

「基本服飾骨架」的概念很像布置新屋，屋裡空無一物時，我們會先搞定必備家具和家電，如沙發、櫃子、餐桌、電視等，然後再慢慢添購自己喜愛的居家風格小擺飾，而

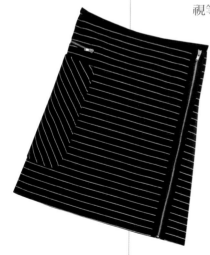

不是本末倒置地在大型家具和家電尚未就緒之前，先漫無目的買了一大堆擺飾，之後才發現這些擺飾和室內布置無法融合。

衣櫥也是一樣，「基本服飾骨架」的單品先買齊了，之後再靈活添加個性化單品，就會發現衣櫥裡的寶物彼此之間都很好搭配。但大多數人不知道建立「基本服飾骨架」的程序，不論衣服、褲子或配飾都只會照著感覺買，整個櫥子擠滿了衣服，卻無法相互搭配出好看的組合。

如何建立「基本服飾骨架」？

建立「基本服飾骨架」要依循以下兩個重點：

❶ 搭配性高

「基本服飾骨架」的單品一定要搭配性高，才能發揮最高的衣櫥價值；而服飾搭配性高的原則是：款式簡單、沒有特別引人矚目的細節、易於搭配的基本款，如：保守高雅的套裝、及膝窄裙、長褲、襯衫、線衫等；至於顏色，最好是中性色，例如：黑、灰、白、海軍藍、卡其色、咖啡色系等。一件純黑色簡單西裝領外套，會比桃紅色大翻領外套來得好搭配。

❷ 最好的單品

所謂最好的單品，不一定是價格最貴的，而是能讓你的身材看起來最棒、整個人看起來最有精神、最漂亮的服飾。我看過有人穿兩千塊錢的套裝感覺像價值上萬，也有人將香奈兒套裝穿得毫不起眼。身上穿的是不是名牌、值不值錢，不是你該擔心的事；心思應該放在本人看起來是不是名牌，是不是值錢？這才是重點。

建立「基本服飾骨架」的初期階段，可能會不習慣，覺得衣櫥裡很單調；但長遠看來，這實在是最好的投資。許多人往往夢想擁有所有色彩、所有款式，也的確花了很多錢採買各種色彩與款式的服裝，但事實上，經常穿戴的還是固定的幾件。

況且，你有見過任何名牌專櫃掛著繽紛的五顏六色與款式嗎？當然沒有，名牌服裝的顏色與款式從來不會是混雜的，色彩款式專一比混雜更容易建立品味！

「基本服飾骨架」範例

以下是我為客戶規劃「基本服飾骨架」的範例之一，你可以依照個人需求做調整：

① 職場佳人「基本服飾骨架」範例

(1) 套裝外套：套裝是基本服飾骨架裡的「皇后」，款式簡單的中性色才能增加多重搭配性。

(2) 套裝裙子：建議是和(1)成套的及膝窄裙。

(3) 西裝外套：款式與(1)的套裝外套略有區別，和(2)的裙子要可以搭配，且同樣要簡單而搭配性強。

(4) 針織衫外套：基本款，顏色可以是任何適合你的顏色，但要能和(2)、(5)、(6)、(7)等下半身衣著搭配（可以在休閒星期五時取代西裝外套）。

(5) 長褲：挑選布料與剪裁能讓你「穠纖合度」的基本款長褲，顏色同樣是可以和(3)搭配的中性色。

(6) 裙子或長褲：顏色需要可以和(1)外套和(3)西裝外套搭配的中性色，以簡單材質為主。

(7) 內搭六～八件：所謂內搭，包括襯衫、針織衫、背心等，可以簡單，也可以稍有變化（如領口有細帶可以綁蝴蝶結，或有小的幾何圖形／條紋／格子等傳統圖案的印花，或選擇亮面或緞面布料）。可以是任何顏色，但要能和套裝搭配，也要能與長褲或裙子(5)和(6)單獨搭配。

(8) 小洋裝：只要款式簡單易配，可依喜好選擇長度。總之必須是上班與社交餐宴場合皆可穿，並且可以和(1)和(3)外套搭配的款式與顏色。

(9) 大衣或風衣：中性色最適宜，款式簡單、布料佳、無論正式或休閒場合皆理想。

❷ 職場男士「基本服飾骨架」範例

(1) 西裝外套：西裝外套是男士基本服飾骨架最重要的單品，最好是深藍色或中至深的灰色，四季皆宜的毛料西裝外套。

(2) 西裝褲：建議是和(1)成套的西裝褲。

(3) 獵裝外套：顏色或布料與(1)的西裝外套要有區別，和(2)的西裝褲要可以搭配，可以是素中性色或保守圖案，如條紋或格子。

(4) 夾克或針織毛衣外套：要能和(2)、(5)、(6)等下半身衣著搭配（可以在休閒星期五時取代西裝外套）。

(5) 西裝褲：顏色與材質需要可以與(1)西裝外套和(3)獵裝外套搭配的西裝褲。

(6) 卡其褲：可以與(1)西裝外套和(3)獵裝外套搭配，也可以休閒時穿著。

(7) 上班穿的上衣六～八件：至少二件是白色的，其他可以是有色的、圖案的襯衫、polo衫等組合，視行業需求而定。

(8) 大衣或風衣：選擇深藍、黑色、灰色或卡其色。

　　有了「基本服飾骨架」，就可以依照自己的風格喜好，逐漸添購其他衣物，這裡稱為「個性服飾」。購買「個性服飾」前一定要記得考慮兩件事：一、它會讓我更有魅力嗎？二、穿上它能讓我事業更成功嗎？

　　朋友們千萬不可本末倒置，先買「個性服飾」，再買可以

與之搭配的衣服，如此只會讓衣櫥衣滿為患，卻仍然找不到合適的衣服穿。許多上過學院課程的學員說：「建立了『基本服飾骨架』之後，開始覺得生活變得更容易，穿衣選衣不再是件困難的事。」他們找到方便之門，我也獲得這份工作最大的成就。

look 1

look 2

**用智慧讓女人
展現與生俱來的美**

奇士美化妝品總經理Lillian，將其企業理念：「讓女人展現出與生俱來的美」發揮在個人衣櫥管理上，以自然零負擔的智慧搭配，完成一年三百六十五天的美麗任務，呈現自己最天然的優雅與品味。

列出你的「基本服飾骨架」採購預算

帶著客戶採買「基本服飾骨架」的衣服之前,我會先依據他現在的工作職位與個人需求一起討論出採購清單與預算,並事先預測可能的花費,以進行必要的件數與品質調整。

範例一

初入社會「職場佳人」所需的春夏採購清單(預算:二萬元以內)

	款式	顏色	單價	件數	總價
1	套裝外套	黑色	4,000	1	4,000
2	套裝裙子	黑色	1,500	1	1,500
3	西裝外套	深藍	3,000	1	3,000
4	針織外套	深灰	1,500	1	1,500
5	長褲	可和上述服裝搭配的中性色	1,500	1	1,500
6	裙子或長褲	可和上述服裝搭配的中性色	1,000	1	1,000
7	內搭	自己的「皮膚色彩屬性」	500	6	3,000
8	小洋裝	黑、灰或藍	2,000	1	2,000
9	上班用包包	中性色	1,200	1	1,200
10	中跟包鞋	中性色	1,200	1	1,200

範例二

初入社會「職場男士」所需的春夏採購清單(預算:二萬元以內)

	款式	顏色	單價	件數	總價
1	西裝外套	深藍或中至深的灰色	5,000	1	5,000
2	西裝褲	與上列西裝外套成套的褲子	2,000	1	2,000
3	西裝褲	可與其他服裝搭配的中性色	2,000	1	2,000
4	卡其褲	卡其色	800	1	800
5	上衣	白、藍或條紋	1,000	6	6,000
6	公事包	黑色或咖啡色	2,000	1	2,000
7	鞋子	黑色	2,000	1	2,000

現在，請你依照自己的實際狀況與需求，試著列出你的採購清單。以「基本服飾骨架」而言，剛出社會的職場新鮮人的採購預算可以編列二至三萬元以內，而中階主管則可以編列八至十萬元左右，以此類推。由於不同階級所要面對的人、事、物不盡相同，當職階愈高，所需衣服的品質要愈好。一般而言，高品質服飾能帶出你的好品味與優良氣質，所以不要覺得為什麼要編列這麼多預算，事實上，衣櫥裡幾件雖然貴卻是「對的衣服」，為你帶來的投資效益，遠遠高於一大堆雖然便宜卻是「錯的衣服」。懂得精打細算的你一定明白什麼樣的投資最划算！

現在，請開始為自己設計「基本服飾骨架」採購清單吧！

	款式	顏色	單價	件數	總價
1					
2					
3					
4					
5					
6					
7					
8					
9					
10					

第18堂

【For Her】職場戰袍——
最棒的「套裝外套」怎麼買？

　　只要你的職場穿得到套裝，一定至少要為自己準備一套最棒的「套裝」。

　　對於剛入職場的社會新鮮人，穿上套裝代表「我準備好了」的宣示；而之於中高階主管，套裝更是奠定管理者分量的最佳選擇。正因為套裝占了全身絕大部分的面積，所以只要套裝的款式及顏色對了，你的樣子就對了大半！

　　購買第一套套裝時，建議職場佳人們要以「中性色」為首選。如果你經常逛街，會發現大部分「貴」的套裝幾乎都是「中性色」，例如：黑、灰、深藍、白、卡其、咖啡色系等。為什麼貴的套裝會使用「中性色」呢？有三個原因：

一、中性色能為你帶來優雅的味道，不但經得起時間與流行的
　　考驗，也是最適合職場的穿著。

二、中性色的搭配空間最大，不但可以單獨呈現，也可以成為
　　整體搭配的「襯底」，而且幾乎可以和任何顏色做搭配。

三、中性色很低調，只要款式也低調，別人不會記得它們的樣
　　子；因此可以一穿再穿，提高衣服的使用價值。

此外，第一套套裝請優先考慮「及膝裙套裝」。「及膝裙套裝」不管在任何行業、任何場合，對方是同性或異性，都是討好的裝扮；喜歡長褲的佳人，添購第二套套裝時再選擇「長褲套裝」。購買套裝時，請先試穿外套，外套是套裝的靈魂，外套適合了，再考慮是否購買成套的裙子。

外套「三合」塑身法

「套裝外套」不但能為職場佳人塑造專業權威感，選對了還有「塑身」功效。套裝外套要「塑身」，除了基礎的胸腰臀要合尺寸之外，以下「三合」是常被忽略的條件：

❶ 肩膀合會顯瘦

套裝外套的肩線很重要，肩線和肩膀吻合，就會讓你看起來又挺又瘦。自然的肩線應該自然落在肩骨上，頂多再超出1～2公分就好；過大的墊肩雖然增加氣勢，卻會讓女人顯壯、顯矮，除非你的身形高瘦，否則應該避免。若你的肩膀較寬大，或者希望自己穿套裝可以顯瘦，肩線的最佳位置反而應落在肩骨內側1～2公分，如此會看起來瘦很多。

❷ 腰線合會顯高

女人的套裝外套通常都有腰身，而腰線的位置若能比腰部稍高，就會讓你看起來比較高；若是穿著腰線比腰部低的套裝，人就會變矮，除非長得很高或腿很長，否則千萬要避免。

❸ 袖長合了就有精神

建議佳人們把錢花在長袖外套，而不是短袖外套上，因為長袖外套所帶來的專業正式感是短袖外套無法比擬的，而春夏時節的外套可以以七分袖長代替短袖。長袖外套的袖長以手腕骨下方至虎口上2公分之間，最適合大部分人的身材比例，不

但讓你看起來精神奕奕，也會顯得比較高；除非想創造出率性自在的free style，否則在虎口以下長度的袖長都太長了。

Perfect Image 小詞典

認識你的體型

本章會針對不同身材體型的人，給予穿著上的建議。我以設計師一致公認的完美人體比例，也就是古希臘愛情女神——維納斯的身材比例為基準來做比較，把女人的體型概括為六種：草莓體型、西洋梨體型、水蜜桃體型、絲瓜體型、可樂曲線瓶體型、標準體型。然而女人的體型是隨時在變動的，可能隨著生理周期、體重、生活型態、年齡而改變。找出自己體型的同時，也要適時調整體型的穿衣方式，永遠記住以「現狀」取代「想像」，尊重你的身體，身體才會回報以「最佳體態」。

❶ 草莓體型
肩膀寬或厚，往往具有上身壯、下身細，倒三角形線條的特色。

❷ 西洋梨體型
臀圍比胸圍大，臀寬也比肩膀寬，顯出三角形線條的特徵。

❸ 水蜜桃體型
胸部、腰部與臀部線條皆很圓潤，三圍比例的差距不大，屬於圓形線條的美女。

❹ 絲瓜體型
胸部、腰部與臀部的曲線差距不明顯，屬於長方形線條的特色。

❺ 可樂曲線瓶體型
三圍比例分明，腰部尤其纖細，擁有如沙漏般窈窕有致的曲線。

❻ 標準體型
三圍比例適中，看起來舒適、均衡、順暢，是最接近維納斯黃金比例的體型。

套裝外套 vs. You

　　半合身式的外套能讓女人在英挺中展現身材的曲線美，剛柔並濟。如果你不確認自己適合什麼外套，半合身的外套總是錯不了。至於不同身形的佳人，在挑選外套款式上也有一些小祕訣，例如：

❶ 草莓體型佳人

　　切莫穿墊肩過大、過厚的外套，否則容易讓你「圓上加圓會更圓」。

❷ 水蜜桃體型佳人

　　請避免口袋設計在腹部附近的外套，它會讓視線結束在你最不想顯露的地方。

❸ 絲瓜體型佳人

　　剪裁漂亮有型的套裝會塑造玲瓏有致的身材，讓你不至於看起來太瘦。

❹ 腿長的佳人

　　穿著長外套會很出色。

❺ 腿短的佳人

　　適合長度在腰部下10公分左右的短外套，可以幫助拉長腿長比例。

❻ 身材嬌小的佳人

些微墊肩的外套，能讓你展現英挺之美。

before

after

盡情做自己，
魅力show自己！

誰說套裝會讓人看起來呆板老氣？只要選對套裝、只要優質搭配，女人就能輕易在專業中展現青春、活力、熱情的氣度與渲染力。

可以穿「皮衣」去上班嗎？

皮衣可以讓女人馬上變得酷帥、有活力，是職場佳人增加穿衣樂趣、變化造型的好幫手！不過請避免全身都是「皮」的打扮，例如：皮衣＋皮裙或皮褲這種全身上下都是「皮」的穿衣方式，讓你看起來像大哥的女人或是搖滾歌手。

最好的穿法是：皮衣＋及膝裙或西裝長褲，這樣就能穿得酷帥又不失莊重；若你喜歡皮裙，建議上身可以搭配襯衫或針織衫。

切記：上班的皮裙長度不可短於膝上20公分，不要太貼身或開衩太高，並謝絕所有蛇皮、鱷魚皮、豹皮等動物花紋；因為這些紋路具有攻擊性或火辣的心理學效應，在某些場合固然顯得性感熱情，但在某些場合卻會火上加油！尤其是面試、相親、談判，或懷疑對方對你有微詞或不滿等場合都不可以穿。

可以穿「針織外套」去上班嗎？

針織外套搭配原有的及膝裙、長褲或是洋裝，不會讓你的專業感流失，反而增添一些親切柔和的力量。以下是穿著針織外套的合適場合：

① 若平日上班都穿套裝，「休閒星期五」時可以換上針織外套。

② 若公司沒有規定穿套裝，那麼穿上針織外套可以隱性地顯示你的專業權威感。

③ 下班約會時，將嚴肅的西裝外套脫下，換上針織外套，就能為你增添柔和感。

要注意的是：若公司的人都穿西裝／套裝，或你開會的對象穿著西裝／套裝，請你不要穿著針織外套，因為針織外套在「服飾心理學」的語彙裡比西裝／套裝的氣勢矮一截。此外，針織外套的材質比較柔軟，要特別留意品質與挺度，穿不好會讓瘦的人更瘦，胖的人更胖，或整件披塌在身上顯得沒有精神。

第**19**堂

【For Her】
優雅的「及膝窄裙」怎麼買？

　　如果要男士們投票票選女人穿哪一樣單品最性感，我想窄裙一定獲得壓倒性勝利。我們學院的企畫經理Macy以前在電臺工作時，曾聽某位男同事形容：一位女同事常穿窄裙、高跟鞋來上班；窄裙的線條剛好將女性的臀部包裹住，加上裸露的修長雙腿，走起路來搖曳生姿，他覺得性感極了。即使塔臺工程忙了一整晚沒睡，只要看到這位女同事，馬上就會精神為之一振，比喝「蠻牛」還有效。

窄裙真是女人最討好的裝扮，尤其是「及膝窄裙」。及膝窄裙穿得好，不但能給予男士神奇的觀感，同時愈來愈多現代女性也認為：及膝窄裙優雅大方之外，也存在著小小的性感，讓女性特質更迷人。

及膝窄裙怎麼穿才好看？

　　及膝窄裙要穿得好看，請把握以下訣竅：

❶ 合身度佳的及膝窄裙才優雅

　　穿窄裙的最高境界是：以穿起來最窄的情況最好看──身材看起來平順，包括腰部的線條、腹部的線條、臀部的線條、大腿的線條；不能有任何一塊肉跑出來，腰部的肉擠出來、小腹凸出、臀部下垂、大腿側邊凹陷或外凸，還有露出內褲的痕跡等都會影響穿著的美觀。如果沒有「超完美」的身材，請不要穿著緊身包裹臀腿的窄裙，留有一點餘分會更「悅目」；建議的合身度為腰圍能容納兩指平伸的寬度，臀圍要能在臀側抓

Perfect Image 形象Q&A

上班可以穿著迷你裙嗎？

迷你裙可以為職場佳人帶來活潑俏麗的時尚感，但不是每種行業都可以穿著迷你裙，最好先看看公司的**Dress Code**規定。若公司沒有特別規定，建議以不短於膝上20公分為原則。

起2.5公分左右的寬鬆餘分；至於拉鍊、口袋應該貼著身體，不能蓬起、張開或出現皺褶。

❷ 上下身衣服的比例不要相同，包括長度與色彩

例如：白色針織衫搭配黑色及膝裙，若兩者的長度相同，看起來比較呆板，可以換上較短或較長的上衣，或在腰間繫條皮帶或繫上絲巾，就可以突破上下身1：1的比例。同時請記得：及膝窄裙和高跟鞋是天生的好搭檔，它們能讓你散發出女人專屬的性感魅力哦！

look 1　　　**look 2**

性感微隱
讓女人更迷人

學院的老師孝儀演繹「及膝窄裙」在不同場合中為女人帶來的魅力：如在半正式場合的柔軟嫵媚（look 1），在正式場合的端莊大方（look 2），讓女人隨時保持獨特天成的最佳面貌。

及膝裙 vs. You

❶ 草莓體型佳人

可以選擇顏色比上身淺的及膝窄裙，或在裙襬帶有設計的裙型，如裙襬為魚尾狀或荷葉邊的及膝裙，就能平衡較豐滿的上半身，讓身形更為玲瓏曼妙。

❷ 西洋梨體型佳人

最好避免印花布料或顏色比上身淺或鮮豔的及膝窄裙，以免擴張臀部或大腿的視覺感受。

❸ 水蜜桃體型佳人

請遠離讓身材曲線一覽無遺的貼身布料，有點厚度但又不至於太厚的布料比較討好。若合適的及膝窄裙難尋，可以改為有傘狀感的款型，如A字裙或花苞裙。

❹ 腿細的佳人

裙長到膝蓋或到膝蓋以上10公分的及膝窄裙都很討好。

❺ 蘿蔔腿的佳人

避免膝蓋以下10公分的長度，它會讓腿上蘿蔔的線條更加明顯。

第20堂

【For Her】打造臀腿完美曲線的「長褲」怎麼買？

　　課堂上，有位男學員分享：在開會結束出來等電梯時，目光被站在前面正在講手機的女人所吸引，她身材窈窕，穿著白色緊身長褲，明顯透著裡面的白色蕾絲內褲。他發現其他在等電梯的男士們的視線全集中在同一處。進入電梯之後，她站在最前面，身後男人們的目光還是一致地停留在她的臀部上，甚至沒人注意電梯的樓層燈號……

　　同堂課的同學好奇地問：「這女人長得好不好看？」

　　他說：「不知道，只看到臀部的蕾絲，沒時間也沒心思注意到長相。」

不要觸犯長褲品味地雷

　　有次和某企業老闆討論公司Dress Code的訂定時，他說：「老師，可否要求女性職員不要穿長褲？」我很好奇地問他為什麼，他說：「大多數的女職員穿長褲都沒有穿裙子來得出色。」

　　的確，如果說有一樣單品，穿好與穿壞的品味有天壤之

別，那就是「長褲」！穿對長褲，臀部瞬間變得緊俏結實，雙腿修長勻稱且健康有力，給人一種高駣有活力的感覺；而穿錯長褲，讓你的臀部像一坨鬆垮無力的肉餅，雙腿彷彿變粗、變短了，可惜了女人的天生麗質。

試穿長褲時，請在鏡子前面對照以下項目，避開地雷就能找到打造臀腿完美線條的長褲：

☐ 穿長褲時，臀部線條鬆垮或無型嗎？

☐ 站立時，兩側口袋會自動張開嗎？

☐ 大腿外側的肉或臀部的肉被擠出來？

☐ 長褲的拉鍊和打褶處有「開口笑」嗎？

☐ 褲襠處緊繃或不舒服？

☐ 褲襠處是否出現「橫條笑紋」？

☐ 穿長褲坐下來時，腹部的肉是否向上擠成一團？

☐ 臀部是否顯現內褲的壓痕？

☐ 布料是否太透明，以至於內褲的顏色、圖案被看見？

☐ 穿著低腰長褲，內褲腰頭是否顯露？

長褲 vs. You

❶ 腿較短的佳人

高跟鞋加上「長度遮住鞋跟一半」的長褲，是讓你的腿看起來長5～6公分的最佳方法。避免設計重點在大腿中間以下的長褲，例如膝蓋側邊有口袋或褲襬有反褶等。

❷ 腿太粗的佳人

避免太緊、太貼的長褲，在大腿側邊能抓出2.5公分左右的寬度最顯瘦；也避免條紋長褲與格子長褲，它們會讓腿看起來更粗。

❸ 腿太細的佳人

寬管褲絕對能修飾太細的腿型，其他像是條紋長褲、格子長褲、淺色長褲、印花長褲等都是很好的選擇。

❹ O形腿或腿不直的佳人

避免窄管褲或AB褲，微寬的長褲具有修飾效果。

❺ 臀部下垂的佳人

遠離太緊、太貼的長褲。請用心尋找有提臀效果的長褲，以支撐臀型。

⑥ 西洋梨體型佳人

避免臀部附近有大口袋或其他顯眼設計的長褲款式。

⑦ 水蜜桃體型佳人

長褲的拉鍊最好在側邊，因為在前方的拉鍊很容易有繃開的感覺；假如褲子前方有打褶，一定要密合；張開的褶子不但不雅觀，更似乎在提醒別人：請看我的小腹很大！

⑧ 草莓體型佳人

肩膀寬厚或胸部豐滿的佳人可以選擇淺色長褲，所謂的淺色是「相對」的，例如：上身是海軍藍，下身就可以選擇淺藍色或白色。此外，不要害怕嘗試鮮豔的長褲或條紋、格子、印花長褲，它們都有平衡上下身的絕佳效果。

Perfect Image Tips

慎選內在美

穿長褲是否好看的最大功臣在「內褲」，每個女人都要有幾件能夠讓臀部服貼緊翹的無痕內褲，才能讓你在穿上長褲時，不會因為內褲的形狀或壓痕影響長褲的美麗；當你找到此類好穿又好看的內褲，請多買幾件吧！

before　　　**after**

一件合身的長褲讓女人更有「型」了：它清晰地連結你內在聰慧的「型」，與外在俐落的「型」；讓你輕鬆稱職地扮演全然的自己，在職場舞臺發亮、發光！

Perfect Image 形象Q&A

上班可以穿著七分褲嗎？

七分褲在「服飾心理學」上的象徵，的確比全長的褲子要輕鬆、輕盈，不想穿得那麼正式時，七分褲、八分褲、九分褲可以助你一臂之力；但是在職場穿著這些褲型要注意：

❶剪裁要保守，布料質感要好，合身度要佳。

❷選擇中性色，可以增加正式度。

❸搭配時要注重正式度，例如：西裝褲型的薄羊毛七分褲搭配西裝外套，讓你在正式中帶著俏皮；但若是哈倫褲型的棉布七分褲搭配雪紡紗，那就過於休閒了。

第*21*堂

【For Her】實用「內搭」怎麼買？

　　每當我帶客戶上街採購時，我們的目的不是買單件漂亮的衣服，而是買幾件可以相互搭配的衣服，也就是依著「基本服飾骨架」的做法，建立少即是多的效率衣櫥。過程中，會先挑出最棒的套裝，再根據此套裝挑選可以與之搭配的六～八件內搭。

　　而內搭衣服穿著貼身需要常清洗，比較容易折損；洗滌超過十五次之後，往往衣服的挺度就會弱掉，老舊的徵兆也開始出現了，像小毛球、布料變薄、肩膀處塌陷、紗線鬆弛等；別懷疑，此時就是該讓它們退休的時候了。所以除非必要，不建議花太多錢在內搭上，反而應該將省下來的錢投資在套裝上，讓高品質的套裝搭配不同季節的新內搭，更能展現出耳目一新的風貌。

選擇內搭要點

　　內搭可以是針織衫、襯衫或背心，採買時請考慮以下要點：

❶ 內搭領型與外套搭配嗎？

內搭搭配外套時，就成為共同存在的「一體」，因此需要考慮內搭的領型、顏色與布料和外套是否可以搭配。為了避免憑空想像，請直接穿著你的外套去搭配，特別是內搭的領型與外套的領型是否合稱？是否完美不衝突？這是很多人容易忽略的小細節。

❷ 活動方便嗎？

內搭和外套穿在一起時，會不會妨礙你的行動？外套會不會變得太緊？肩膀處會不會覺得卡卡的？如果會影響你的活動方便性，這件衣服便不適合當內搭，或許只適合單獨穿著。

❸ 此內搭會有機會單獨穿嗎？

買內搭時要自問：平時會脫下外套嗎？若脫下外套只剩下內搭，此內搭好不好看？質感夠不夠好？會不會透出內衣顏色或蕾絲紋路？

內搭 vs. You

❶ 水蜜桃體型佳人

內搭要讓你的身形平順，不要看到肉肉的游泳圈。此外，微低的領口（領口低於鎖骨下5公分）會看起來比較瘦。

❷ 纖瘦的佳人

避免布料太貼身、太薄，也避免太緊身的內搭，半合身的內搭（側邊可以抓出2.5公分寬度）可以讓身材更婀娜多姿。同時要注意領口的服貼性，空空的領口會看起來沒有精神。

❸ 胸部平坦的佳人

避免太緊身的內搭與布料太貼身、太薄的內搭，可以選擇布料較挺的半合身內搭、有領子設計的內搭，或胸口有荷葉設計或抽皺設計的內搭。

④ 胸部豐滿的佳人

避免過於寬鬆的內搭，會讓胸部無型，還會顯胖。

⑤ 臉胖的佳人

尖領與低於鎖骨下5公分的領子會有瘦臉的效果。

⑥ 臉瘦的佳人

圓領會有豐臉效果，尖領則會讓臉更瘦。

⑦ 喜歡自己臉型的佳人

選擇和臉型類似形狀的領型，可以更讓臉型更突顯。

Perfect Image 形象Q&A

透明布料的上衣可以穿出專業感嗎？

只要掌握以下細節，就可以保持透明布料的清涼浪漫，又不失專業端莊。

❶搭配套裝外套時，露出來的只有透明衣服的領子部分就可以，但是不能脫下外套。

❷若要單穿，裡頭一定要搭配小背心，再加上正式的長褲或裙子，就會有優雅浪漫的感覺。

❸穿著透明質料的衣服一定要注意「內在美」，即使在適合單穿的社交場合裡，也要確認內衣是否穿正？顏色和透明外衣是否搭配？

❹透明衣服買回來要剪掉領子後面與旁側的商標和洗標，包括墊肩最好一併拿下，才能讓整體線條俐落。

❺約會時，透明質料的衣服可以製造性感的形象；但相親時最好不要單穿，以免讓對方誤以為你很開放。

Perfect Image Tips

一件珍貴的內搭想要延長它的壽命時，可以參考以下步驟：

❶在比較容易髒的部位，像是後領圍、腋下處，可用手輕輕搓揉做局部處理後，再以冷洗精浸泡清洗，動作盡量溫柔，不要粗魯。

❷若是洗衣機清洗，請將內面翻出來，再放洗衣袋清洗。

❸對於有袖子的內搭，可以購買「腋下墊片」，除了除臭吸汗外，也能減低磨損率。

❹雙手內側容易和身體磨擦產生小毛球，建議用小剪刀或去毛球機去除小毛球，延長珍貴內搭的穿著期限。

look 1   look 2

心情的小祕密就在 每天的衣著變化裡

每個向外，就是向內。不同的穿著讓你呈現不同的樣貌，讓你看到不一樣的自己；只要在款式、顏色、搭配上做區隔，可以今天知性優雅、明天活力創意，都由你來決定！

第22堂

【For Her】
穠纖合度的「小洋裝」怎麼買？

　　小洋裝是相當實用的單品，它適合上班，也適合約會；例如：上班時，可以搭配針織外套或西裝外套，再戴上珍珠項鍊或耳環，穿上高跟包鞋；下午茶時間，可以在脖子繫上絲巾、腰間圍上腰帶，腳上穿上平底涼鞋；晚上約會或出席晚宴，則可換上鑲鑽高跟鞋與鑽石長耳環，簡簡單單就很優雅出眾。

　　可惜不是每位佳人都能找到速配的小洋裝，小洋裝說穿了就是上衣和裙子組合成一件衣服，如果你的上下身衣服尺碼不同，要找到合適的小洋裝就比較困難。但是別氣餒，只要瞭解如何修改還是能有機會穿小洋裝的，我的很多學員都有相同的困擾，例如：上半身穿四號，下半身穿八號，此時可以嘗試六號洋裝，然後將上半身修小，下半身放大；或者穿著八號洋裝，然後修小上半身。若你找遍了各服裝店或百貨公司，仍然找不到合身的洋裝款式，那麼可以利用同色、同材質的上下身組合，加上一條腰帶，看起來像洋裝＋腰帶，也能以假亂真。

如何挑選最物超所值的小洋裝？

既然小洋裝是如此值得投資的單品，那麼該如何挑選適合自己的小洋裝呢？建議參考以下幾點原則：

❶ 四季皆宜的材質

涼爽的薄羊毛(cool wool)或混紡纖維都是不錯的選擇，這些材質厚薄適中，適合四季穿著。不建議挑選麻料的材質，因為麻料易皺，坐下來時，有些部位（特別是腹部和大腿）容易起皺褶，不太美觀，也不適合氣候寒冷的時候穿。

❷ 穠纖合度的剪裁

當衣服色彩與款式低調，身材輪廓線條就容易成為注目焦點。剪裁是否合宜？是否讓身材穠纖合度、玲瓏有致？絕對是挑選職場小洋裝的重點。衣服要合身，最好是每個部位都寬緊一致，特別是腰、腹、大腿（或任何在意的部位）較胖的人，不要讓這些部位太緊，以免成為視覺焦點。

❸ 百搭實用款

職場小洋裝的款式務必簡單，才能增加搭配的實用性：上半身合身且有腰線的剪裁、下半身可以是A字或直裙，長度以

及膝為主，範圍不超過膝蓋上下10公分，最重要的一點是讓長度正好結束在腿部線條最美的地方，那是眾人目光焦點所在！袖子以無袖、短袖或七分袖為佳；此外，領圍不過低、過寬（如低胸或一字領就不太適合）。圓領和V領會比較好搭配；V領可修飾較圓潤的臉型，圓領則較適合瘦長型的臉型。

洋裝 vs. You

❶ 西洋梨體型佳人

在選擇小洋裝時，常碰到上身合、下身緊的困擾，只要鎖定下半身有抽碎褶、褶裙、花苞裙，或向外擴散的裙型，如A字裙、斜裙等洋裝，成功率就會很高。而設計重點在上半身的洋裝，如對比色領子或胸前荷葉邊，也可以「轉移焦點」，讓人將視線集中在臉上，而不是臀部。

❷ 草莓體型佳人

襯衫領與V領洋裝都很適合草莓體型佳人，而腰部抽碎褶、花苞裙、向外擴散的裙型，如A字裙、斜裙等洋裝，都可以平衡草莓體型比較豐滿的上半身。

❸ 絲瓜體型佳人

沒有腰線設計、有一點挺度布料的直筒小洋裝最適合你；而能讓肩膀加寬的款式（如一字領），或者將臀部加寬的款

式（如碎褶斜裙），都能間接的塑造出腰身。

❹ 水蜜桃體型佳人

避免寬大無型的洋裝，若一定要穿，請繫上腰帶以創造
腰身。襯衫領、V領、低領、交叉式斜疊襟領子都很適合；此
外，選擇中型大小印花洋裝看起來會比較瘦。

❺ 可樂曲線瓶體型佳人

任何能突顯身材優點的小洋
裝都可以嘗試。

before　　　　　　after

**成為美麗，
而不只是欣賞美麗**

我認識Ruby已經三
年，從三年前的小女
孩至今，脫胎換骨，
愈來愈美麗。當她換
上穠纖合度的小洋
裝＋外套的模樣，將
職場佳人的專業、氣
質、柔美三者合一，
成為亮麗的都會女
性。

曉薇每半年定期更新衣櫥裡的戰袍，穿出最佳專業說服力。曉薇做到了，你也可以！

第23堂

【For Him】最佳代言——
成功的「西裝外套」怎麼買？

　　說起男士西裝的最佳代表，非電影「007情報員」的男主角莫屬。「007情報員」著實為英國驕傲的文化之一——西裝做了最好的詮釋，同時也為全世界男士做了「如何穿出西裝品味」的示範。男主角穿上西裝，還能身手敏捷，代表西裝的剪裁、縫製技術高超，才能讓你活動自如。另外，你有發現007穿上西裝時，一定會「露三白」嗎？這是讓男士看起來品味優雅的魅力來源（請參考P.151 Perfect Image小詞典：露三白）。最令女人迷戀無法自拔的，就是穿上西裝的007總是幽默、風趣、迷死人不償命。自詡為「型男」的你，怎能在衣櫥少了一件發揮無限魅力的西裝呢？

成功西裝外套十大挑選準則

　　選購100%合身的西裝不是一件容易的事，一套合身度良好的西裝，不僅能提高西裝本身的質感，更能圓融獨一無二的身材特色，讓你看起來風度翩翩，自然流露出英姿煥發的紳士風采；反之，品牌再高檔、布料再高級、剪裁再專業、

做工再精緻，都無法粉飾不合身所造成的彆扭。與女人的套裝相同，男士購買西裝時，請先從西裝外套開始選購，並且一定要試穿，將釦子扣好再檢視最準確，包含獵裝、半套西裝外套都應如此仔細挑選。

❶ 以平日的姿儀試穿最準確

合身的西裝必須和你的身材現狀完全「速配」，例如：有啤酒肚、肩膀下垂或是駝背等。請在試穿時保持平常的姿勢，

不需要刻意抬頭、挺胸、縮腹，如此才能看出目前的你穿起這套西裝好不好看，而不是暫時抬頭挺胸穿起來好不好看。唯有西裝師傅為你的身材現狀加以修改，才可能真正穿起來好看。

❷ 肩線合宜自然

肩膀過寬或墊肩高聳，看起來像橄欖球員，難免給人虛張聲勢的感覺；而肩膀太窄的西裝，則讓人顯得侷促拘謹，穿不出恢宏的氣度。男士的西裝肩膀線條一定要看起來平順自然，順著頸、肩交接處，延伸至肩骨最外側，再超過1～2公分左右。

❸ 衣長要蓋住臀部

經典的西裝外套應該要能蓋住臀部，西裝太短讓男士看起來小氣，過長則看起來鬆散。那麼要如何確認西裝外套衣身長度是正確的？請將手自然垂直放下，在能蓋住臀部為前提之下，長度落在手掌虎口與大姆指尖之間是最好的。

❹ 袖長落在手掌與手臂交界處

試穿西裝時請站直，雙手自然下垂，標準袖長應落在手掌與手臂的交界處，如此才能讓襯衫的袖口露出1～2公分。另外，大部分人的兩手長度不等，以我幫忙量身過的眾多客戶為例，兩手長度平均差距是2公分，所以在試穿西裝修改袖長時，一定要兩手都測量才會準確。

⑤ 寬鬆度以一個拳頭為宜

西裝外套的寬鬆度以釦子扣起來之後，能放進一個拳頭為宜，這樣的寬度讓你活動便利，也有顯瘦的效果。如果一個拳頭塞不進去，代表此西裝在腰腹處太緊了；若放進一個拳頭還有餘裕，則代表太寬鬆了。

⑥ 西裝領應平貼胸前

理想的西裝胸前部位應該要與你的胸膛平順服貼，不應該有撐開的空隙；所以胸肌發達的男士要特別注意胸前的西裝領片是否被撐開了？如果撐開的程度，可以平放進一隻手掌，那就表示這件西裝的胸膛剪裁對你而言過小，應該換大一號的西裝。

Perfect Image 形象Q&A

上班可以穿夾克嗎？

創意產業、製造業或科技業常以夾克取代正式的西裝外套，特別是夾克＋襯衫＋領帶＋西裝褲，是此類行業主管常見的裝扮。而一件合宜的上班夾克款式要有正式感、布料材質要好、剪裁合身，才能看起來優雅有氣勢；夾克長度以腰部以下10～15公分左右的長度最討喜。

❼ 注意西裝背後的褶紋

　　將釦子扣上後，西裝外套背後的中心線應該保持筆直，如果後中心線歪斜，則代表身體的相對位置過緊。例如：後中心線歪斜部分出現在腰部下面，表示腹部或臀部太緊。此外，背後若產生很多皺褶，西裝鐵定不夠合身，橫向皺褶顯示過於緊繃，直向皺褶則代表過於寬鬆。

❽ 腰線必須維持上下身平衡

　　西裝外套的腰線應落在腰部以上2公分，至腰部以下1公分之間的範圍，腰線過低會顯矮。

❾ 領子後面應低於襯衫領1.5～2公分

　　西裝外套的領子必須十分密合地圍住脖子，而領子後面的高度應「低」於襯衫領1.5～2公分左右。

❿ 後面開叉應重疊密合

　　依平日的習慣，將皮夾、名片夾等放進西裝褲口袋後，西裝外套後面的開叉仍應保持平整密合，千萬不要張開來，張開的開叉無疑是向眾人宣告：我長胖啦！

before　　　　**after**

Perfect Image 小詞典

露三白

穿上西裝外套如果能在三個地方露出內搭襯衫的顏色，會讓你看
起來更有品味：

第一白：襯衫後領要高出西裝後領1.5～2公分。

第二白：西裝前襟要露出漿挺的襯衫領。

第三白：襯衫袖口要露出西裝袖1～2公分。

第24堂

【For Him】男人身分的標誌 「襯衫」怎麼買？

時裝大師費雷(Gianfranco Ferre)曾說：「襯衫是男人體現身分地位的標誌，也最能體現自身的個性。」對男人來說，襯衫已不再是名詞，而是一個關於「你是誰」的代名詞。

襯衫因為貼身，勤於更換是必要的。有位朋友的先生是北歐人，她說：「歐洲男人喜歡自己打點衣物，特別是注重穿著品味的男士，總是在換季時備妥新一季的襯衫，然後將老舊襯衫全部淘汰。」我很喜歡這樣的襯衫哲學，維持襯衫品質的同時，也襯托出一個男人的品味，並保住他的專業形象；相信你肯定買得起一件襯衫，但絕擔負不起不合宜的襯衫讓你損失專業形象的代價。至於男士一季要有多少件襯衫才夠？我建議至少要有七件：兩件白襯衫、兩件藍襯衫、兩件條紋或格子襯衫，以及一件適合正式晚宴場合的白襯衫。

每個男人至少要有的七件襯衫

❶ 兩件白色襯衫

白色襯衫是男士們專業場合的必備首選，它低調、傳

統、安全，為上班男士的專業穿著「定味」。

❷ 兩件藍色襯衫

藍色襯衫是專業形象的第二選擇，特別是淺藍色，它知性、親切而有活力，但選擇上切記不可比西裝的顏色深。

❸ 兩件條紋或格子襯衫

條紋或格子襯衫能增加男士衣著的活潑度。建議從事金融、法律專業或傳統行業的男士，在選擇單色條紋時，線條寬度不超過0.25公分，線條的間隔不超過1公分；格子方面以單色為佳，格寬以不超過1平方公分為佳。若超過此範圍的襯衫，只能在休閒星期五或其他休閒場合穿著。

Perfect Image 形象Q&A

上班可以穿POLO衫嗎？

POLO衫和西裝外套搭在一起，為男性朋友帶來知性雅士的感覺，很適合在休閒星期五、商務午餐時穿著。不過由於POLO衫是針織布料，一段時間洗滌後，容易顯皺不挺，尤其是領子的地方；因此要記得定期更換。

❹一件出席正式晚宴的白襯衫

　　這件白襯衫必須具備特殊的下翻領型或百葉褶等元素，以適合搭配宴會黑領結之需。即使你認為自己絕對沒有使用黑領結的宴會場合，我仍然強烈建議至少準備一件能使用袖釦的白襯衫替代，尤其注意「質感」很重要！

look 1

look 2

襯衫合身度的檢查

襯衫的合身度關係到整體感覺俐不俐落、挺不挺拔，也關係到搭配背心、西裝時，能否服貼、舒適，在選購時一定要試穿，並注意以下重點：

❶ 領圍

建議每隔半年重新量一次領圍，正確領圍的襯衫繫上領帶，會讓你看來更有精神！怎樣的領圍是正確的？扣起襯衫最上面的釦子，把兩根手指伸進頸側，能活動自如卻不會多出太多空隙，表示領圍合宜；太緊的領圍不但不舒服，看起來難免有「臉紅脖子粗」的錯覺，更會造成「發福」的效果。接著，再把拇指以外的四指伸進去，如果進出還是很容易，就表示頸圍過鬆；太鬆的領圍在打領帶時會皺成一團，顯得不俐落。

❷ 寬窄

將釦子全部扣起來，看看肩線是否落在肩膀骨頭外側的臨界點至臨界點延伸2.5公分之間；再觀察胸部和腰部有沒有出現橫向或直向的皺褶。請記得，釦子全部扣上之後，每個部位的鬆緊度應該

是同樣的，任何一個地方都不能出現緊繃或鬆垮的狀態。

❸ 長短

襯衫的長度要在紮進長褲之後，還能讓你在舉手、彎腰時不露出褲頭；而且襯衫最下方的釦子，應位於肚臍下方7～8公分處，若因為腹圍較廣或經常穿低腰褲，使得褲頭容易往下掉的話，襯衫釦子應該要更低。另外，建議腰腹圍較大的男士，選購襯衫時，請留意在腹圍最大的地方應該要有釦子，襯衫才會隨著身材高低起伏而服服貼貼。

❹ 袖子

專業場合以長袖襯衫為宜，短袖襯衫會使你的專業形象打折。國外調查顯示：穿長袖襯衫的主管比穿短袖襯衫的主管更顯權威與影響力。尤其在國際禮儀中，男士露出手毛是不恰當的。此外，襯衫的袖長最好在手腕骨下2.5公分左右，且以將手舉高時不會露出手腕為佳；若搭配西裝，襯衫袖口露出西裝外1～2公分能顯示出你的品味。

第25堂

【For Him】決定你卓越品味的「長褲」怎麼買？

　　對於男士而言，很少被提及的下半身穿著，是一種不容忽視、隱藏版的專業品味。

　　一般人的品味都是從顯而易見的地方開始培養，例如：父母從小到大不斷地叮嚀我們：「臉要洗乾淨」、「頭髮要梳整齊」、「衣服有沒有紮好」、「領子要折好」等，因此我們會注重上半身的穿著；而下半身因為比較不易被看見（我們自己也比較看不到它），所以往往沒有多為下半身的穿著著想；但下半身就像是人的支柱，將上半身牢牢的「撐」起來，讓上半身穿著更有品味、更臻完美。宛如一首流行歌曲，最先被人注意到的大多是歌聲、吉他、鋼琴等主要而明顯的聲音；但是強而有力的鼓聲和低沉穩健的Bass，卻能為整首歌帶來穩定的力量，將歌聲、吉他、鋼琴烘托得更磅礡有氣勢。

　　我常認為：下半身穿著的重要性，在於可以圓滿上半身的品味；尤其男士的下半身穿著要簡單低調，優雅卻不張揚，才能讓人把注意力集中在上半身，注意說話時臉部的表情與手勢動作的傳達。那麼，西裝褲要如何挑選呢

西裝褲挑選要領

① 襯衫、皮帶、皮鞋、隨身物品各就各位

出門選購西裝褲前，請穿上你想搭配的襯衫、皮帶與皮鞋，並且把平常習慣帶在身上的隨身物品一起帶去。試穿西裝褲時，請把襯衫紮進去，並繫好皮帶、穿好皮鞋，讓隨身物品各就各位，才能看出穿上後真正的樣子適合與否。

② 褲頭的寬度要恰到好處

理想的褲頭（腰圍）寬度應該要能自然地容納兩根手指平伸進去的厚度，如果需要屏息縮腹才能勉強把手掌伸進褲頭，或者是釦子扣上、拉鍊拉上之後，褲頭會把腰部的肉給擠出來，就表示這件西裝褲的褲頭有放寬的必要。但褲頭修改的幅度是有限度的，一般西裝褲的褲頭最多只能改小5公分或加大4公分左右，若超出這個範圍，就會影響褲型設計。

③ 腰部的褲褶必須密合

西裝褲腰部的褲褶應該十分密合，才能表現男人的優雅品味。此外腰部密合的褲褶更能巧妙地隱藏啤酒肚，美化腰腹部的線條。

④ 褲管的中心褶線要筆直地垂到鞋面

西裝褲褲管的中心褶線必須筆直，自然地垂到鞋面，不能歪斜。唯有筆直的褶線，才能讓整個人感覺更英挺，使雙腿看起來更修長。

⑤ 褲管長度可配合鞋跟高度

從背後看，西裝褲的長度應落在鞋跟與鞋身下方交界處，

Perfect Image 實用練習

下半身品味check list

職場男性下半身雖然簡單低調，但若出現下列狀態就會喪失品味：

☐ 歪掉或不平均的內褲褲痕。
☐ 內褲太大，以至於布料擠成一團。
☐ 性徵明顯。
☐ 褲子口袋處呈現「開口笑」。
☐ 胯部的笑紋明顯。
☐ 穿著低腰褲看到內褲上緣。
☐ 褲子腰部太緊，以至於將腰腹的肉擠出來。
☐ 臀部下垂。

☐ 褲子沒有燙平，還有皺褶。
☐ 打褶褲的褶不順或張開了。
☐ 褲管的中心褶線不直。
☐ 褲長太長或太短。
☐ 褲襬磨損。
☐ 膝蓋或臀部磨出光澤。
☐ 縫線綻開或是釦子脫落。
☐ 腰耳脫落。
☐ 汙漬沒有清洗乾淨。
☐ 口袋塞太多東西凸出來。

如果希望腿部看起來更修長，則可以加長至鞋跟二分之一處的褲長度。從正面看，西裝褲必須自然地「坐落」在鞋面上。提醒你：毛料纖維不管水洗或乾洗都會略微縮水，所以買西裝褲修改長度時，最好比標準長度再多預留一點回縮的空間。

　　除了一般西裝長褲，職場男士也不要忘了用以上方式多準備幾件「卡其褲」或「卡其色的西裝褲」，能讓你的專業形象呈現不同風貌。

before　　　　　　　　　after

第**26**堂

【For Him】
品味「領帶」怎麼買?

　　男人最怕收到的情人節禮物應該是「領帶」,因為害怕自己永遠被「套牢」!

　　這是一則有趣的笑話,卻也點出領帶＝男人的象徵意義,特別是男士穿著制式的西裝、襯衫、領帶的組合中,最能突顯個人風格與品味的,非「領帶」莫屬。

　　美國曾做過一則實驗:有三組實力相當、外貌條件類似的男士前往某企業求職,他們都因傑出的履歷而得到了第一次面試的機會。第一次面試時,他們同樣穿著西裝,但「領帶」的配戴則各有巧妙不用。

　　A組男士選用和整體服裝造型十分搭配的領帶,成功地塑造了出身非凡、才華洋溢、實力堅強的菁英分子形象,在進門的一剎那就已贏得面試官的好感與信任,順利獲得了第二次面試的資格。

　　B組男士在事前計畫好不繫領帶,不過他們主動向面試官解釋,因面試前去喝了杯咖啡,在溫暖的店內室溫中,順手把領帶取下之後,離開時卻把領帶忘在店裡,由於不願意遲到,所以沒有再回去拿。這個解釋聽起來情有可原,因此,

他們之中一部分人得到了第二次面試的機會。

　　至於C組男士雖然個個西裝筆挺，卻打了一條品質堪慮、和整體造型十分不搭調的領帶，其「刺眼度」與「不協調度」已到了讓人噴飯的地步，這組人遭到全面「封殺」，沒有一個獲得第二次面試的機會。

　　第二次面試來臨，A組男士仍然以一身得體的穿著來宣告自己的真才實學，面試官眼前的他們是受過高等教育、有能力、IQ與EQ雙全的社會菁英，當然，他們毫無疑問地都被錄

取了。而B組男士這次面試時全都繫上了領帶，結果卻只有一部分人獲得錄取。

實驗結束之後，研究人員對面試官做了訪談，他們表示：在錄取名額有限的情況下，難免會顧忌B組男士第一次面試時粗心大意的態度，所以優先錄取在各方面表現良好的A組男士。而C組男士「全軍覆沒」的主要原因，是面試官事先對他們履歷表上的優秀條件已有高度期望，沒想到出現在眼前的卻是一個連穿著都沒有辦法掌握得宜的人，很難不懷疑他們的人格可靠度和能力。

一條小小的領帶就可以影響一個人的前途！當你的西裝、襯衫、領帶搭配得宜，別人很容易對你的智慧與內涵充滿預期，而相信你外在形象所表現出來的風範，正是由豐富涵養所散發出來的！過去你可能並不重視領帶的影響力，現在不得不熟知以下原則，多看、多學、多練習。

如何挑選職場品味領帶？

❶ 領帶材質

職場以「純絲」的領帶最實際。純絲領帶透著溫潤的光澤，最容易搭配西裝、襯衫；而且純絲強韌，經得起每天繫領帶結時拉扯、繞圈、壓緊的磨損，是其他毛、棉、麻等材質比不上的。

❷ 領帶的寬度與長度

　　雖然領帶有寬、窄的流行，但是我建議：身形寬壯的男士適合寬領帶，身形瘦長的男士可以嘗試窄領帶；或者讓領帶的寬窄搭配西裝的領子或襯衫的領子，例如：寬西裝領配寬領帶，窄西裝領配窄領帶；若沒穿西裝，則寬襯衫領配寬領帶，窄襯衫領配窄領帶。假如你沒有時間仔細搭配，選擇寬度8.5～10公分左右的領帶準沒錯。

　　另外，領帶的長度在國際標準上是正好碰到皮帶頭，太長的領帶看起來沒有精神，太短的領帶會有點滑稽好笑。不過，若穿著現在流行的低腰褲，領帶的長度應到肚臍下方一點點即可。

Perfect Image Tips

避免顯而易見的領帶錯誤

☐ 領帶長度過長或過短。
☐ 圖案太花俏，顏色太鮮豔。
☐ 領帶顏色與服裝顏色缺乏相關性。
☐ 寬窄跟身材不搭。
☐ 領帶後面比前面長。
☐ 領帶材質不佳或太閃亮。
☐ 將領帶塞到襯衫裡。
☐ 有髒汙、勾紗、異味。

❸ 領帶的圖案

　　職場的領帶圖案應儘量以保守沉穩的圖案為主，像斜紋、格子、圓點、小的規則幾何圖形、重複的小圖案如旗子、小花等。此外，職場的領帶圖案大小不要超過十元硬幣，過大的圖案容易在動作時引人注目，變成人未動領帶先動，或未見人只見領帶的專業穿著地雷。

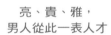

亮、貴、雅，
男人從此一表人才

一條好的領帶不但讓你的整體搭配「亮」起來，讓你的西裝質感「貴」起來，更是讓你的形與神「雅」起來！
期貨分析師義展充分發揮成功領帶的三要素，展現翩然俊逸的一表人才。

before

after

練習不同領帶結的打法

① 四步活結

② 半溫莎結

③ 溫莎結

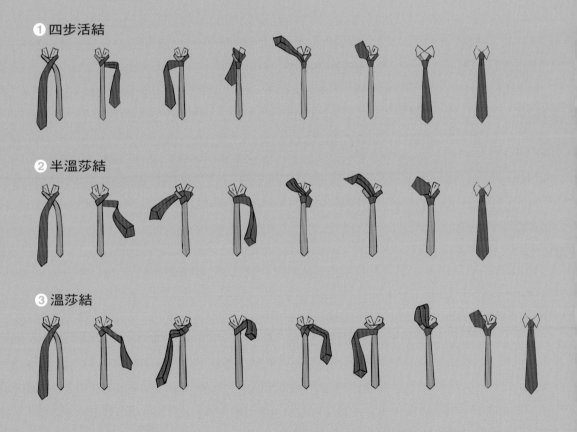

第27堂

職場優質「大衣」怎麼買？

　　冬季穿上一件能保暖禦寒的優雅大衣，就不必像顆洋蔥般層層疊疊地穿一大堆衣服。除了常見的毛料、駱馬毛絨、毛呢等品質精純的材質之外，在此要特別推薦「喀什米爾羊毛」。喀什米爾羊毛是秋冬服裝最受重用的材質之一，柔軟舒適且輕盈，非常適合作為上班的大衣使用。

優質大衣選擇要訣

❶ 合身是優質大衣的根本

　　選購大衣時，請穿著平時在大衣裡會穿的衣服前去試穿（可能是毛衣或是套裝），才能正確試出合身度。首先是肩膀，大衣肩膀的合身度和套裝外套的合身度一樣重要，肩線只要有一點點不對，整件衣服穿起來就會不自然——正確的大衣肩膀寬度，應該是由頸肩交界處向外延伸，一直到超過肩骨最外側1～2公分左右的地方；至於腰線，應該落在腰部以上2公分至腰部以下1公分的範圍之內；袖長則以到虎口的長度為宜。

❷ 選對顏色，形象更明亮

　　大衣顏色的選擇，建議男士選擇黑、灰或深藍色，這些顏色易於和西裝顏色做搭配，讓整體形象更明亮。至於職場佳人們，除了選擇上述顏色外，還可以增加駝色系和白色，這兩個顏色能夠為寒冷陰沉的冬天帶來陽光般的輕盈與光采。

❸ 中長大衣，實穿又優雅

　　愈貴的大衣，款式要愈典雅簡單，和其他單品愈容易搭配，也不易受流行風潮影響，只要保養得當，每年冬季拿出來穿，至少可以穿個十年。相反地，款式複雜、有特色的設計，很容易在別人的腦海中留下深刻印象，反而不能常常穿；而且當潮流過去之後，更難逃被束之高閣的命運。

想穿出不同大衣的時尚美感
這樣搭配就對了！

❶「短於腰部的短大衣」＋晚禮服或皮褲的極端搭配，呈現出女人另種熱辣風情美，吸睛度百分百。

❷「披風式大衣」＋窄裙或窄褲與馬靴最俐落；避免傘狀的款式，像是長斜裙、哈倫褲、老爺褲等。

❸「到腳踝的及地長大衣」＋迷你裙、短褲最為驚豔。

至於長度，第一件大衣建議購買中長大衣——膝蓋到小腿中間的長度，對男士而言，此長度可以完全包覆西裝外套，讓整體線條乾淨俐落；對女士而言，此長度又很容易和長褲或及膝裙搭配。若想嘗試其他變化，就可以在第二件或第三件購買短大衣或更長的大衣，變化不同的時尚魅力。

before　　　　**after**

為自己創造
不朽的「傳說」！

當你參加晚宴而需要穿著大衣時，線條柔軟的大衣會比線條剛硬的大衣，更能讓你的柔美浪漫漾開來，成為眾人眼中最嬌美的花朵。

第28堂

男女必備的「鞋子」怎麼買？

　　打開鞋櫃，有算過你有多少雙鞋子嗎？哪些是你常穿的？剩下的鞋子都如何使用？會不會淪為被灰塵淹沒？還是因為保存不佳，鞋型扭曲變形，只好丟棄？

　　愛鞋可不是女人的專利，不少新房子都設計讓夫妻雙方擁有各自的衣櫥和鞋櫃，以存放各自的「戰利品」！不過在職場工作的我們，究竟要準備哪些鞋種？至少要幾雙鞋才能因應不同的生活需求？由於腳型會隨著身高、體重或身體狀況改變而改變，因此不建議大家儲存太多鞋子，最好只買適合自己的鞋，並且常常穿這些鞋，每年依狀況淘汰並替換四分之一至二分之一，如此鞋櫃便會成為活水，每年都有「最適合此時此刻」的新鞋可以穿。以下要介紹職場人士的必備鞋款：

職場佳人必備的鞋子

❶ 包鞋

　　1～2吋的低跟包鞋或是3吋以上的高跟包鞋，最好能各準

備一雙。沒有負擔的低跟包鞋平時走路舒適，能陪妳度過忙碌的工作時間，是職場佳人最棒的「平日專業伴侶」；而高跟包鞋高挺有架式，是談判、簡報時的「戰鞋」。建議顏色為黑色、咖啡、香檳、深灰或深藍色。

❷ 半包鞋

　　露趾魚口鞋或露後腳跟的繫帶半包鞋，可以為女人增添浪漫的味道；不但適合大部分行業的上班穿著，也適合參加輕鬆的晚宴；但別忘了穿上半包鞋時，除了後腳跟要做去角質處理外，腳趾頭也要保持乾淨，或者擦上一層薄薄透明的指甲油，讓指甲更有光澤感。

❸ 炫麗鞋

　　沒有比一雙炫麗吸睛的鞋子，更能馬上轉換女人的心情，並引起他人注意的單品了。妳可以大膽選擇紅色高跟鞋、黑白雙色高跟鞋、豹紋高跟鞋……只要是讓妳一見傾心的款式，都具有穿上它就能一整天心情飛揚的特殊魔力！

❹ 馬靴

　　長靴搭配裙裝讓女人在端莊中帶出帥氣，搭配褲裝更是走路有風；若是短靴或踝靴搭配長褲，顯得俐落高雅，搭配裙子則前衛流行。由於馬靴對雙腳的包覆性往往比高跟鞋更好、更舒服自在，是職場佳人秋冬時節的必備鞋款。

女人的每一雙鞋都是一個故事

安晴在「衣Q寶典」的換裝實習單元裡，為自己換上不對襯的小洋裝與合身的外套，再加上有縐褶垂墜的短靴，整個人從端莊的淑女化身為個性女神，靚亮有型。

before　　**after**

❺ 晚宴鞋

即使機會不多，但一雙晚宴鞋可以拯救一個女人晚宴的穿著，使她在宴會上更豪華、更嬌媚，是能直接upgrade身分與氣氛的單品。

職場男士必備的鞋子

❶ 皮鞋

每位男士都應該有兩雙適合上班穿著的「皮」鞋，其中至少有一雙是亮皮的，亮皮皮鞋能保證男士穿上西裝時，擁有全身亮挺的高貴感；而皮鞋款式可以是綁鞋帶的，也可以是流蘇款式的，並且一定要是真皮材質。建議顏色為黑色或深咖啡色，避免任何雙色皮鞋。

❷ 半正式鞋

介於正式與休閒雅痞之間的個性鞋，如樂福鞋、牛津鞋、帆船鞋等，最適合休閒星期五或商務便服穿搭的鞋款，可以是咖啡色系、黑色、灰色、深藍等，兼具時尚百搭的功能。

成功買鞋步驟

❶下午買鞋最好。腳在下午會略微膨脹,所以下午買鞋比較能買到舒適的尺寸。千萬不要勉強購買「穿久了就會撐大或舒服」的鞋,若同一家鞋店的鞋怎麼試都不完美,或許是它的鞋型和你的腳型不符合,試試別家吧!

❷男士務必穿著要用來搭配這雙鞋的襪子來試穿,女士試馬靴時也要穿著適當的襪子,如此尺寸與舒適度才會準確。

❸大部分人的雙腳都不一樣大,試鞋一定要雙腳都穿上,再站起來走走看,體會舒服與否的同時,也聽聽走路時鞋子的聲音,不要發出「ㄅㄡ ㄅㄡ」聲,或是「ㄎㄞ ㄎㄞ」聲;畢竟「鞋子的聲音」也是形象重要的一環。

❹特別是女士,穿上鞋後,請照全身鏡,觀察腳上這雙鞋的鞋型與身材是否和諧?例如:體型豐腴的佳人穿著細跟高跟鞋會像大象踩著竹子般岌岌可危;纖細苗條的佳人穿太厚的鞋跟則像腳綁鉛塊般寸步難行;至於有蘿蔔腿的佳人則要避免尖的鞋頭,它會讓小腿像顆圓球般清晰可見,建議選擇圓弧形鞋頭才能修飾腿型。

小心鞋子是形象的殺手！

鞋子對整體形象有畫龍點睛的效果，但若出現下列狀態，就會成為形象的殺手：

☐ 鞋子蒙上一層灰。

☐ 鞋面留有汙漬、水漬。

☐ 鞋底黏到口香糖或是沾到泥土。

☐ 鞋子太閃亮，讓人第一眼先看到鞋子。

☐ 鞋面過於老化、破舊。

☐ 鞋跟明顯磨損。

☐ 鞋帶脫棉或斷裂。

☐ 脫掉鞋子時有腳汗味。

☐ 上班穿拖鞋。

☐ 穿涼鞋時，腳趾甲不乾淨，腳的角質層太厚或脫皮。

☐ 走路時，鞋子發出奇怪的聲音。

第**29**堂

增加文件價值的
「職場包包」怎麼買？

　　有次《蘋果日報》記者來採訪：「如何選擇職場包包？」記者告訴我，調查發現60%的上班族會將重要文件放進包包裡。以此推論，選擇「讓文件看起來有價值」的包包就相形重要了。

　　這正是我為企業做員工專業形象訓練時，喜歡做的實驗之一：讓四名穿著類似西裝或套裝的學員分別揹著各種不同材質的包包上臺做示範：包括料好質佳的真皮包包、一看就知道是合成皮的包包、年久失修已經變形的包包、購物袋。其他坐在臺下的學員立刻笑了出來，因為他們一眼就看出便宜的包包是如何讓專業形象盡失！

　　當我問他們：「覺得哪一個包包裡面裝的文件比較有價值？」大家一致同意真皮包包讓專業人士看起來最專業、最認真，裡面裝的東西最有價值、最重要；這其中的暗示是：當

你注意事業成績時，就會注意你的包包。

我們又進一步討論其他三個包包所營造出來的觀感，臺下的人大致認為：合成皮包包看起來便宜，不但覺得裡面的文件不值錢，也覺得揹此包包的人「混得不太好」；年久失修已經變形的包包也讓人覺得裡面的文件不值錢，而揹此包包的人有種「邋遢、缺乏規劃能力、私生活乏善可陳」等印象；至於購物袋，大家都很難相信裡面裝著文件，甚至懷疑是為了上班時要摸魚去購物。

職場包包選擇指南

上班用包包的品質與價格應該不亞於西裝／套裝。若選擇皮製包包，請用品質好的「真皮」製品，好的「真皮」會隨著時光愈來愈洗練，像紐約市的律師、會計師與銀行家多以手提古董真皮包為傲。人造皮、塑膠和尼龍難以擬似真皮的質感，甚至看起來廉價而難登大雅之堂，有志於專業升遷的職場人士皆應避免。

第一個職場包包或最貴的職場包包請選擇中性色，男士選擇黑色、咖啡色或深灰色；女士則可以加上駝色、深藍色、乳白色、橄欖綠等。這些顏色不但襯托專業，也能稱職地和衣櫥裡大多數的衣服互相搭配，省去每天要想「今天要配哪個包包才好？」的煩惱。其他特殊顏色的包包，像紅色、綠色、橙色、紫色等，雖然搭配得好會讓整體造型出色活潑，不過建議大家先擁有兩個「中性色」萬用包包之後，再添購特殊顏色包

包也不遲。

　　購買包包時，請將上班會放進去的文件與其他物品帶著。人買衣服要試穿，這些物品也要試放；唯有實際將物品放進去，才能確認：文件會不會變形？手機好不好拿？包包會不會鼓起來？電腦會不會太重，讓包包承受不起等等之後會後悔莫及的問題。

讓包包質感如新的保養步驟

1 包包買回來的棉紙不要丟掉，它可以吸水氣，並且保持包包的形狀；當你要將包包收起來時，請記得將棉紙塞回去，再用防塵套包起來。

2 要特別注意包包上面的金屬裝飾以及提把環，不要壓到包包本身，以免留下痕跡。

3 若包包是深色，在沒有確定會不會褪色前，請勿和淺色衣服一起搭配，萬一染到淺色衣服上就麻煩了。

4 包包萬一淋到水時，請用棉布吸水擦拭，不要用力搓擦。

5 包包最好置放在通風處，可以讓皮革本身暢快呼吸，也不容易吸附水氣。

6 養成定期上油保養的好習慣，會讓皮件回復原來的顏色，並且愈用愈亮。

7 若有其他不慎刮傷、汙漬、裂傷等問題，請讓專業皮包保養師傅幫忙解決。

皮包濃縮了
你的全世界

在倫敦的流行大街
Bond Street看見某知
名品牌的櫥窗設計：
各式大小不同的包包
和家具交錯在一起，
象徵著女人的生活品
味與包包密不可分；
也隱含女人使用的包
包歷史，宛如一齣女
人生命的記錄片。

職場包包的搭配原則

❶ 給職場佳人：包包突顯你的身材大小

不同體型的職場佳人，每個人適合「揹」或「提」包包的情況皆不同，基本原則是：包包的位置不要停留在不想要人家注意的身體部位。例如：草莓體型佳人要避免包包與胸齊；西洋梨體型佳人要避免包包剛好落在臀部的位置；腰曲線不明顯的絲瓜體型佳人別讓包包與腰齊；而水蜜桃體型佳人則適合「提包」；個子嬌小的佳人不要揹太長的包包──「長度不要超過手指尖」。

❷ 給職場男士：包包說出你的形象祕密

購買包包除了考慮品質，女士還會考慮包包的時尚性與好不好看，男士則要著重於包包「傳遞出來的形象」。包包之於男士是純功能性的，我們也直覺地將包包與職業聯想在一起，例如：醫生包→醫生，電腦包→科技或工程人員，較時髦的電腦公事包→設計師，小的手拿包→需要收款的行業，A4真皮文件夾→裡面的文件一定很重要等；男士們不妨以此為參考，再度思考你的職場包包是否符合你所要傳遞的形象？請記住，一定要選擇「真皮」包，對形象才會有加分作用。

完美包包check list

你的包包有以下的狀況嗎？

□ 包包裡散亂雜物。

□ 包包大小和身材比例懸殊。

□ 包包塞得太滿，導致變形。

□ 包包上繫有不合宜的小飾品。

□ 大包小包通通背上身。

□ 包包的顏色是全身最鮮豔的。

□ 包包提把或肩背的部分已脫落。

□ 拉鍊壞掉，或釦子無法緊閉，或拉鍊頭斷了。

□ 包包上蓋不關、拉鍊不拉、釦子不扣等。

□ 包包的內襯破掉。

□ 包包有髒汙或蒙灰。

□ 非購物場合卻揹著「購物袋」。

□ 專業男士拿「一看就知道是假皮」的包包。

A

B

包包是
隱性的品味象徵

如果有A、B兩個包包，你會認為哪一個包包所裝的文件較有價值？

我在Facebook裡曾問了以上的問題，100％的朋友都回答：「B」，你呢？

PERFECT IMAGE

學習，讓女人快樂做自己，綻放璀璨美麗的光芒。這些淑女們更亮麗了，你也可以！

CHAPTER 4

「100分的形象」 進階課程

英國溫莎公爵夫人——辛普森:「我不美麗,但我穿著出眾。」

二十歲的美麗是上天給你的;未來的優雅與品味,現在就要開始養成。

第*30*堂

穿對顏色你就會發光──
解讀職場的服裝色彩密碼

　　美真是知名企業的主管，平日工作忙碌之餘，花了好多時間、精力、金錢，買了許多漂亮的衣飾，可是不知為何，穿在身上看起來都不是很出色。直到來參加「衣Q寶典」課程，並做了「皮膚色彩屬性」分析之後，才明白原來她選擇色彩總是習慣跟著流行走，這一季流行什麼顏色就買什麼顏色，卻沒有抓到自己真正適合的色彩。猶如緣木求魚，忽略了最重要的基本觀念，花費再多心力也是枉然。

　　大仁是專業的金融理財顧問，身材壯碩，風度翩翩，可是他總覺得自己的臉黯淡無光，怎樣都亮不起來。同樣的，經由找出自己的「皮膚色彩屬性」，大仁終於見識到顏色的神奇力量，這才發現以前走了多少冤枉路，買了許多不適合自己的東西，問題的根本不是臉色，而是沒有找到適合的色彩。

「皮膚色彩屬性」與你的關係

　　愈來愈多客戶心得回饋，讓我更加確信色彩的魔力。從事形象管理顧問工作十六年來，不得不承認「皮膚色彩屬性」是

展現個人魅力的捷徑，如果你很忙碌，沒有時間研究穿衣方法，那麼就將僅有的時間和精力用來瞭解自己的「皮膚色彩屬性」吧！從找出你的「皮膚色彩屬性」著手，必定會讓穿著造型事半功倍。

❶ 「皮膚色彩屬性」是你美麗的祕訣

　　生活忙碌、時間永遠不夠用的你，如果能深入瞭解自己適合什麼顏色，就能不再盲目跟隨流行而無所適從，並能用最少的時間裝扮出最美麗的自己，將多出來的時間用在真正的興趣與事業上，創造更大的效益。

❷ 「皮膚色彩屬性」讓你容光煥發

穿著適合自己「皮膚色彩屬性」的衣服，至少可保證你在忙碌工作中仍能容光煥發，看起來精神奕奕，甚至連皺紋、黑眼圈、斑點等，都隱沒在煥發出來的光采裡。相反地，不適合的色彩會讓臉色暗沉、蠟黃、老氣橫秋，連臉上的一點點瑕疵都無所遁形，整個人「亮度」不夠，更遑論美麗與自信了。我們心知肚明：在專業場合中，看起來「亮」是最重要的！「夠亮」才能吸引大家的目光，進而有機會展現自己的才能。

❸ 「皮膚色彩屬性」為你省時、省力、省金錢

找出自己的「皮膚色彩屬性」，從此逛街會變得非常容易，以色彩指引可以讓你不再迷惘。就像去超級市場，明確知道需要什麼，會直接到該區拿到商品就結帳，否則閒晃亂逛可能會買回一大堆不需要、不適合、不會用到的東西。

❹ 「皮膚色彩屬性」是你的幸運密碼

我們發現：「皮膚色彩屬性」雖然是科學化分析所得的結果，卻往往與相命學、星象學所建議的幸運色彩不謀而合，只不過幸運色彩通常比較籠統，只能告訴你適合藍色、紅色、紫色……卻無法更準確地說明，究竟適合什麼樣的藍色、紅色或紫色。如果你對自己有更深入的瞭解，藉由「皮膚色彩屬性」將更能找出完全屬於你的幸運色彩。至於穿對顏色帶來的容光煥發與存在感，使得人們樂於親近你，而知道自己好看所平添

的信心與力量，也能讓你事半功倍，幸運自然會跟著來。由外觀改變內在的力量，絕對不容忽視。

Perfect Image 實用練習

讓「皮膚色彩屬性」幫你shopping

你是否每次shopping總是不自覺地買回一堆穿起來黯淡無光的衣服？現在可以讓「皮膚色彩屬性」幫你聰明shopping了。我的學員們通常隨身帶著自己「皮膚色彩屬性」的色卡去逛街，用色彩導引法先找到適合自己的色區，再進一步挑選適合的款式，採購因此非常省時、有效率！

不過需要先找出自己的「皮膚色彩屬性」，而辨別「皮膚色彩屬性」最簡單的方法，就是先蒐集春、夏、秋、冬四季色彩屬性的色塊，如面積和上身差不多的布塊、衣櫥裡現成的衣服、毛巾或色紙等道具來進行實驗，並在自然光線下觀察鏡中卸妝後的臉部，哪一群色彩讓你的臉色「明顯」地變好看，這群色彩屬性可能就是最適合你的。若擔心可能因為自己對色彩的偏好，而造成判斷上的偏頗，建議可以請三五好友一起看，綜合大家的意見以增加準確度。

要精確找出每個人的「皮膚色彩屬性」並不容易，因為大部分人的皮膚色調都是錯綜複雜的，最好請專業的「皮膚色彩屬性」專家來鑑定比較好；因為這是關乎一輩子的事，只要找出「皮膚色彩屬性」之後，你將一生受用不盡。

什麼是「皮膚色彩屬性」？

　　所謂的「皮膚色彩屬性」是指天生的皮膚色調，由體內的黑色素(Melanin)、血紅素(Hemoglobin)及紅色素(Carotene)以不同的比例所組成。例如：同樣是黃種人，有些人的皮膚內層微透出金黃色調，有些是象牙白或杏桃紅色調，有些則透著藍（青）、粉紅或灰褐色……；西方專家經過研究後，將這些差異做系統化整理，將膚色分類為「春、夏、秋、冬」四種屬性，而我再加上對東方人「皮膚色彩屬性」的研究歸納，為東方人找到專屬對應的適合色彩，幫助讀者更瞭解讓自己亮麗的色彩。

　　以下是「皮膚色彩屬性」的膚色特色，以及所適合的服裝色彩。你會發現：四季的「皮膚色彩屬性」雖然各有各的獨特味道，但都可以找到適合各種場合的色彩，典雅狂放、活潑嫻靜兼而有之；在此我們特別精心分出兩群，第一群是各「皮膚色彩屬性」中的中性色，適合職場穿著的西裝、套裝等主要服飾的顏色；第二群是點綴色，適合做為中性色的輔助，可以用在職場穿著的內搭、領帶、絲巾等。

Spring Colors

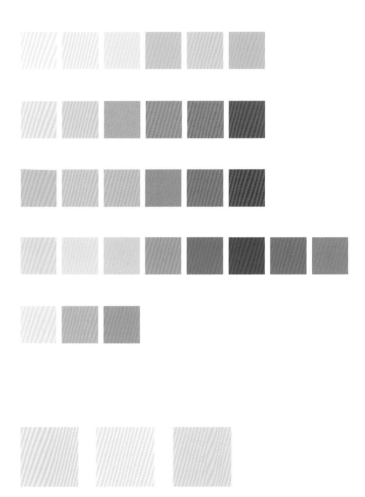

春天皮膚色彩屬性

鮮豔、乾淨、透明、帶黃色調的暖色系。

膚色特色：

偏粉紅的象牙白、杏桃紅、海軍藍、金褐、淺橘。

適合的服裝中性色：

棕、褐：金褐色與任何淺的棕褐色系，如淡棕、駱駝色、卡其色等。

海軍藍：可以明顯看出藍色調的海軍藍。

黑：部分使用即可，如印花；或者是有發亮感覺的黑，如綢緞或
　　夾有亮蔥的黑。

灰：淡灰色。

白：自然白及不會很黃的象牙白。

金：帶著明亮輕盈的金，像K金，而非純黃金。

銀：明亮的銀，而非霧銀。

適合的服裝點綴色：

紅：清新乾淨的橘紅和正紅，但不可以是深
　　紅色。

橘：清新乾淨的橘色系，但不可以是深橘
　　色。

黃：清新乾淨的檸檬黃、以及柔和帶金黃色
　　調的淡黃。

綠：清新乾淨的黃綠色系，如剛發芽的嫩葉
　　一般。

藍：各種清新乾淨的藍、紫藍和土耳其玉
　　藍，但不可以是深藍色。

紫：清新乾淨的紫色，但不可以是深紫色。

粉紅：清新乾淨的珊瑚色、杏桃色、鮭魚色。

before　　**after**

Summer Colors

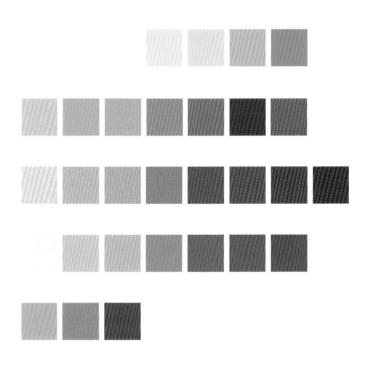

夏天皮膚色彩屬性

粉彩、柔和、帶有煙灰或藍色調的冷色系。

膚色特色：

粉紅、灰褐、粉褐、青褐、暗紅、豬肝紅。

適合的服裝中性色：

棕、褐：帶玫瑰、煙灰的棕褐色系，如可可色、灰褐色。

海軍藍：所有的海軍藍，包括灰海軍藍。

黑：帶有煙灰感的黑色。

灰：所有的灰色與藍灰色。

白：自然白。

金：玫瑰金。

銀：所有的銀。

適合的服裝點綴色：

紅：清新的正紅，如西瓜紅，或是酒紅色。

橘：接近膚色的粉橘色。

黃：粉彩的檸檬黃。

綠：藍綠色系，可以是深的、淡的、粉
的、帶煙灰感的，但不可以是飽和的
鮮豔藍綠色。

藍：藍色系，可以是深的、淡的、粉的、
帶煙灰感的，但不可以是飽和的鮮豔藍
色。

紫：紫色系，可以是深的、淡的、粉的、帶煙
灰感的，但不可以是飽和的鮮豔紫色。

粉紅：所有的粉紅色系。

before　　**after**

感動來自於勇敢
看到不同的自己！

甜美的林宜選擇一件
適合自己的洋裝，讓
她身形勻稱、臉上發
光，並且充滿嬌媚的
女人味。當看到全新
的自己，林宜忍不住
感動得哭了；她的勇
氣贏得全班最熱烈的
喝采！

Autumn Colors

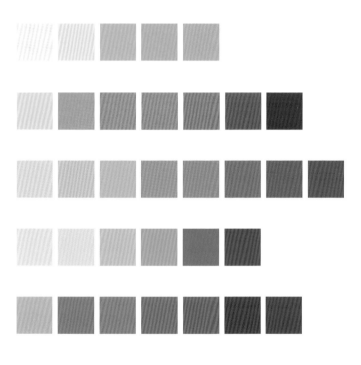

「100分的形象」
進階課程

秋天皮膚色彩屬性

濃郁、豐厚、成熟、帶有金黃色調的暖色系。

膚色特色：

象牙白、杏桃紅、杏黃、蜜糖、暗褐、金黃、橘。

適合的服裝中性色：

棕、褐：所有的棕褐色系，深淺皆可。

海軍藍：明顯看出藍調的海軍藍，及帶綠藍色感覺的海軍藍。

黑：帶有一點咖啡色或橄欖色暗示的鐵灰色。

灰：帶有黃調的灰色，及帶有綠調的灰色，深淺皆可。

白：自然白及任何帶有黃調的白，如象牙白、米白色等（只要不
　　是純白即可）。

金：所有的金。

銀：無。

適合的服裝點綴色：

紅：橘紅、磚紅、咖啡紅。

橘：所有的橘色系，深淺皆可。

黃：所有帶金黃色調的黃色，深淺皆可。

綠：濃郁的暖綠色，如黃綠色、橄欖綠、
　　芥末綠、杉葉綠等，深淺皆可。

藍：濃郁的紫藍、土耳其玉藍、綠藍，深
　　淺皆可。

紫：濃郁的、偏黃的紫色系，深淺皆可。

粉紅：任何帶有橘色暗示的粉紅，如珊瑚
　　　色、杏桃色、鮭魚色等。

**讓大地的能量
釋放心中的熱情**

美麗的攝影師小賢豆
豆媽，從大自然裡找
到最飽滿的橘色，穿
出豐沛感情的最佳生
命力，令人眼睛為之
一亮！

look2

look1

Winter Colors

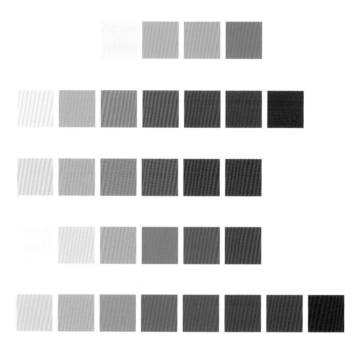

冬天皮膚色彩屬性

純正、乾淨、明亮、強烈、冰冷、帶藍色調的冷色系。

膚色特色：

青白、青白微粉、青褐、青黃、青橄欖。

適合的服裝中性色：

棕、褐：黑褐色、灰卡其色。

海軍藍：所有的海軍藍。

黑：任何的黑色。

白：純白、自然白（只要沒有黃調的白即可）。

金：無。

銀：所有的銀。

適合的服裝點綴色：

紅：正紅、暗紅、酒紅。

橘：無。

黃：正黃、檸檬黃、冰黃。

綠：正綠、任何鮮豔的藍綠、乾淨的粉藍
　　綠、深綠、冰綠。

藍：正藍、任何鮮豔的藍，如寶藍、鮮豔
　　的土耳其玉藍；乾淨的粉藍、水藍、
　　天空藍、冰藍。

紫：正紫、任何鮮豔的紫、冰紫。

粉紅：任何桃紅、乾淨的粉紅、冰粉紅。

before

after

只要願意就能
成就自己的美麗

點燃內在美麗的火花，並向外在世界展現出你內在的豐富浩瀚。Wendy說：「穿對適合自己的顏色，就是捷徑！」

讓你身形更優雅的「直線比例」

你是不是曾經有這樣的迷惑：

· 二個擁有美腿的女人同樣穿上迷你裙，為什麼有一個人穿起來好看，另一個人穿就是不好看？

· 流行的踝鞋穿在身上，怎麼看起來像「沒腿」？

· 有人繫寬腰帶好看，但是繫在有些人身上卻覺得「胃不見了」？

· 為何有的男生特別適合三顆釦或四顆釦的西裝？

· 為何身高相同的兩個人卻感覺一個高一個矮？

「身材，身材，多少人的自信因汝之名而喪失！」

提到身材，一般人直覺反應就是三圍比例或高矮胖瘦，以為只要三圍比例勻稱，身材高䠷，穿什麼都好看；事實上，身材好不好跟整體身形是否給人「優雅」的感覺有很大的關係，而優雅的感覺其實來自你的「直線比例」。

「直線比例」不像三圍或身高、體重那麼容易被看到，基本上它是不太被注意的，卻實實在在的左右了穿什麼衣服才會好看的關鍵。例如：很多人誤以為美腿佳人穿迷你裙一定好

看，但還是有許多腿很漂亮的女人穿上迷你裙卻不好看，原因就在於她的下半身比上半身短，或者更精確地說，她的下半身的上半段比較短。

　　同理，若你是穿踝鞋好看的人，表示你可能下半身的下半段比較長；若你是穿四顆釦西裝好看的人，表示你可能上半身的上半段比較長；若你是繫寬腰帶好看的人，表示上半身的下半段比較長。那麼，什麼是「直線比例」？要如何知道自己的「直線比例」？請參考以下方法。

什麼是「直線比例」？

　　「直線比例」大分成四段：頭→胸，胸→胯部，胯部→膝蓋，膝蓋→腳丫。所謂的黃金身材比例，就是指這四段長度相等的人，不過到目前為止，我還沒有看見過真正擁有黃金身材比例的人，即使如蔡依林、羅志祥、林志玲或是Rain，都有著不均等的長度；不過即使四段的長度不相同，相差在3公分以內，身形比例依舊屬於均勻；如果差距超過5公分，就代表某一段明顯的比較長，穿著某一類的衣服會比另一類衣服好看。

　　知道「直線比例」有什麼好處？「直線比例」可以修飾身形，讓我們的身形看起來優雅。量出你的「直線比

例」後，只要記住一個重點：比較長的地方可以擺放比較多的裝飾，而比較短的地方則要簡單，才不會顯得擁擠雜亂。換句話說，讓身形較長的地方成為穿著打扮的表演舞臺，任何吸睛的設計放在這裡準沒錯，例如：口袋、刺繡、印花、剪接線等。

「直線比例」的測量法

那麼，如何測量出自己的「直線比例」？你可以這樣做：

❶ 算出「上半身／下半身」比：量出上半身與下半身

請站直往前彎腰九十度，以「髖骨」這個部位的折線為分際線，往上垂直量到頭頂，就是上半身長度；往下垂直量到腳底，就是下半身長度。

一般來說，上半身比下半身長，表示腿比較短，這時你會發現自己穿裙子往往比褲子好看，因為裙子看不到胯部的分隔線；除了穿裙子、洋裝外，高腰服飾也是很好的修飾款式，或

者讓腰帶與下半身顏色相同，也會讓下半身看起來比較長。

　　若是下半身較長，你會發現自己不但穿長褲好看，穿長外套、長上衣也都好看，基本上是個在穿著上比較沒有問題的身材。

② 算出「上一／上二」比：
量出上半身的第一段與第二段

　　接著我們還可以將上半身細分為兩段，以胸部最高點當成分際線，往上垂直量到頭頂就是上半身的第一段，也就是頭→胸（簡稱：上一），往下垂直量到胯部就是上半身的第二段，也就是胸→胯部（簡稱：上二）。

　　若是「上一」較長的人，女人可以盡情使用項鍊、胸針、絲巾，穿有設計感或複雜的領型都很好看；男人則很適合穿三顆釦或四顆釦的西裝。

　　若是「上二」較長的人，建議可以繫上醒目或寬的腰帶，或穿著腰腹處有設計或口袋的衣服，將上衣子紮進下半身也很適合。換句話說，因為「上一」較短，因此領型與首飾都要簡單不複雜，男士則要避免三顆釦或四顆釦西裝，以免讓「上一」看起來擁擠侷促。

③ 算出「下一／下二」比：
量出下半身的第一段與第二段

　　下半身的量身法，則是以彎曲膝蓋時的折線為分界，往上

量到胯部就是下半身的第一段：胯部→膝蓋（簡稱：下一），往下量到腳底則是下半身的第二段：膝蓋→腳丫（簡稱：下二）。

「下一」較長的人，可以穿著迷你裙、短褲，或者讓上衣、大衣長度終結在此段，都會非常好看。例如：為什麼林志玲穿迷你裙會比張惠妹好看，原因就在於林志玲的「下一」比例長，而張惠妹的「下一」比例短。此外，選擇在大腿附近有設計（像是口袋、繡花等）的長褲，穿起來都會很有魅力。

「下一」較短的人，比較適合穿及膝裙或更長的裙子，這樣胯部→膝蓋的這一段就不會再被分割。若穿迷你裙，設計要簡單素雅，若能同時穿著與裙子同色的襪子，便可延伸此段的線條。

「下二」較長的人，穿膝下裙或小腿肚長度的裙子會很漂亮。而穿羅馬鞋、踝靴、到小腿肚的馬靴、繫帶晚宴鞋、或是其他任何醒目的鞋子，都會成為吸引目光的美麗焦點！

❹算出「頭／身高」比：量出你的黃金身材比例

請先量出頭的高度，從髮際線到下巴的長度就是你的頭高，之後用身高÷頭高。黃金比例＝8，就是我們俗稱的八頭身，表示你的身體有八個頭的高度。若＞8，表示你看起來比實際身高高；像法國巴黎女人，看照片或電影總以為她們很高，直到實際探訪後，才知道：原來巴黎女人的頭小，所以比例看起來比較高。

若＜7.5，表示你看起來比實際身高矮，這也解釋了為何

同樣是162公分，東方人看起來會比巴黎人矮的原因；因此東方人特別喜歡穿高跟鞋，就是拉高「頭／身高」比例的緣故。

before　　　**after**

配件，
重塑體型魅力倍增！

腰帶是女人「長高」
的好朋友。一條美麗
合身的「腰帶」，繫
在對的位置，就能拉
高身形，讓你顯高。

第**32**堂

讓你更纖瘦的「橫線比例」

　　前面第18堂所做的「體型分類」，像是草莓體型、西洋梨體型、絲瓜體型等，就是利用「橫線比例」來分類。所謂的「橫線比例」牽涉到的都是最常被提及、也是大家最在乎的身材林林總總，例如：肩膀寬、胸部大、腰粗、腹凸、臀大等。有趣的是，這些問題雖然常常被提及，甚至許多人每天照鏡子都在想著這些問題，卻總是用錯誤的解決方法，像是：

· 為了遮住凸出的小腹，喜歡將上衣拉出來掩蓋。

· 臀部大的人喜歡穿過長的上衣，以為遮住臀部就會變小。

· 覺得自己胖就全身穿黑色，以為黑色看起來比較瘦。

· 沒有腰身乾脆穿寬鬆一點，以為看不到腰部，就不會覺得腰粗。

　　如果有以上問題，而解決的方法如出一轍，那麼更要瞭解「橫線比例」的穿衣方式；因為「直線比例」讓你穿出身形的「優雅」，而「橫線比例」絕對讓你看起來「纖瘦有致」。懂得利用「橫線比例」的人往往不需要辛苦減肥，就能看起來瘦3～5公斤，怎能不心動學習？

「纖瘦有致」的智慧穿衣原則

❶ 哪裡大就讓它「沉默是金」

　　人在審視自己的身體時，總是忽略大部分的美好，而將注意力集中在「美中不足」的缺憾。曾為祕書研習營做專業穿著訓練課程，進行到如何讓身材看起來更均勻的單元時，我請了幾位自認為胸部大、腰部大與臀部大的自願者上來做示範，結

果發現：三位示範者中，胸部大的祕書把名牌別在胸前，腰部大的祕書把名牌別在腰際，臀部大的祕書則是將名牌緊貼著臀部垂掛。這真是個完美的巧合，也完全解釋了人的「補償心理」：當我們覺得哪裡不好，潛意識認為哪裡不足的時候，就會在那裡特別下工夫。你或許有類似的經驗：認為自己的腰圍太粗，到百貨公司shopping時，卻買回一條美麗的腰帶。

其實要穿出好身材，就要保持「沉默是金」的原則，也就是「不希望被看到的地方要保持低調」。人的視覺常會落在「線條結束之處」、「設計之處」、「顏色改變之處」，因此不滿意的地方千萬不要有「線條」、「設計」、「顏色變換」，保持沉默低調，別人就不會注意到這裡。

❷哪裡大就使用「直線條」

你認為哪個地方大，就利用直線條讓它看起來細瘦些吧！例如：配戴長Y字鍊、長絲巾、穿著V型領、前開襟等，就能讓你看起來比較纖瘦；這個方法特別適合用在豐潤的水蜜桃體型，或是肩膀寬的草莓體型的人身上。而男士穿上直排鈕襯衫或是繫領帶，都是讓你顯瘦的「直線條」！

❸哪裡大就用「深色」

深色是「比較」出來的，而不是指所有的深色，例如：淡

藍色和中深藍色哪一個比較深？就將較深的顏色穿在你認為大的地方。例如：下半身豐滿的西洋梨體型，穿著深色下身、淺色上衣，就會讓整體身材更為勻稱；而上身豐滿的佳人，或上身練得很健壯的男士們，以深色上身搭配淺色下身，會讓你的身材更協調、比例更均衡哦！

before

after

衣服這麼搭就好看

　　「衣Q寶典」課程中,最令人緊張興奮的是「換裝」單元。課程中,我們會先請學員們帶來三件上衣、三件下身服裝,以及鞋子、包包等;第一單元是「找出你的皮膚色彩屬性」,先幫學員找出自己的「皮膚色彩屬性」,並發給各人專屬的「色卡」,上面的顏色就是選擇衣服的參考。當此單元結束,接下來的十五分鐘,我們會請學員們將自己的色卡拿出來,開始找出適合自己「皮膚色彩屬性」的衣服並換上。於是,在一陣忙亂、緊張又興奮的換裝過程裡,學員搭配出他的新造型;然後我再為每位學員做調整,讓大家親眼看到並實際參與不同造型的可能性。

　　之後進行到「款式」、「風格」、「配色」等單元時,同樣也有十五分鐘的「換裝」練習,每位學員都能就現有的服裝、鞋、包、配飾……,搭配出出色的造型,甚至有學員說:「最美麗的自己是在這裡看到的。」

職場衣著就是這麼搭

　　以下就是職場穿著簡單的搭配哲學:

❶ 全套套裝搭配法

　　穿著全套套裝時，請依照「由大面積到小面積」的原則，才能輕易搭配出最好的裝扮。例如：今天開會要穿全套套裝，可以先決定要穿的套裝，再選擇可以與之搭配的襯衫、內搭，再來是領帶、首飾、鞋子、包包等配件。

❷ 半套套裝搭配法

　　穿著半套套裝時，請讓上半身的元素（女生：外套、內搭、絲巾，男生：外套、襯衫、領帶）其中一項的顏色，和下半身同色或同色系，如此在視覺上會很協調。例如：女生下身穿著乳白色及膝裙，上身可以穿著乳白色線衫與淡藍色外套；男生下身穿著卡其色長褲，上身選擇白色襯衫＋藍色與褐色相間的斜紋領帶，就能和卡其褲相互輝映。

❸ 商務便服搭配法

　　職場佳人穿著商務便服時可以先決定下半身，因為下身決定今天的「活動性」或「正式性」。例如：今天是休閒星期五，女生想活動輕快就挑件長褲，想優雅輕盈就選擇裙子。下半身決定後再選擇上半身，上半身可以製造你想帶給別人的「感受」，例如：今天想要帥氣瀟灑，就選擇白襯衫；今天想要浪漫柔美，雪紡紗往往是最佳代表！至於男士，想休閒一點就穿卡其長褲，想正式一點就穿西裝褲，之後再決定上衣即可。

Perfect Image 實用練習

女人美麗的搭配祕訣

❶ 長短配才顯高
如果你希望看起來比較高，可以掌握「長配短」的搭配公式。例如：當你穿著寬管長褲或長裙時，挑選短上衣會比長上衣看起來更高；而長上衣搭配迷你裙又會比搭配長裙更討好。

❷ 寬配窄才顯瘦
當你的身上穿著一件寬大的服飾時，最好搭配合身的另一半，身形才會纖瘦有致。例如：寬管長褲搭配合身的線衫，寬鬆花苞上衣搭配鉛筆窄裙或窄管褲。

❸ 印花配素色顯優雅
除非你想一鳴驚人，又有超凡的美感與品味，可以搭配出令人驚豔的打扮，否則請勿印花配印花。建議你用「印花配素色」，也就是挑選出印花中的一個顏色，成為其他單品的顏色。例如：上身穿有白色花朵圖案的寶藍色絲襯衫，下身就可以挑選白色的及膝裙或長褲。

before   **after**

> **每個女人的內在
> 都住著一位名媛**
>
> 當你願意敞開自己嘗
> 試不同的裝扮時,將
> 發現你正吐露名流千
> 金般高貴典雅的氣
> 質,令人移不開視
> 線。

男人好看的西裝、襯衫、領帶搭配

❶ 三種單色的搭配法

在西裝、襯衫、領帶三者都是單色的情況下，若襯衫為白色，那麼領帶和西裝的顏色必須是對比色，如：白襯衫＋深藍西裝＋紅色領帶。若襯衫不是白色，則三者中就必須有兩者是同色系，如：淺粉紅襯衫＋深藍西裝＋棗紅領帶（襯衫和領帶為同色系）。

❷ 兩種單色加上一種圖案的搭配法

西裝、襯衫、領帶三者中，有兩個單色加上一種圖案的情況時，圖案中必須出現這兩個單色的其中一個顏色。如：白色襯衫＋鐵灰色西裝＋白色或銀灰色條紋的藍色領帶；若領帶中同時有白色、銀灰色兩色更好。如果是藍底紅條紋襯衫，則可以選則藍色系西裝「或」紅色系領帶來搭配；如果是條紋西裝，則可以穿著和西裝本身或條紋同色系的襯衫或領帶。

❸ 兩種圖案加上一種單色的搭配法

當西裝、襯衫、領帶有兩種圖案明顯存在時，請務必區分出圖案的強弱，像格子線不明顯的格子西裝，就可以用粗線條的斜紋領帶來搭配。其次，要留心西裝、襯衫、領帶圖案「方向走勢」絕不能相同或相反，若穿著直條紋的西裝或襯衫，就應避免使用直、橫條紋的領帶，建議不妨嘗試斜紋領帶；而像圓點、小的規

則圖形或草履蟲等「無方向性圖案」的領帶，則是保證不會與衣服條紋起衝突的良好選擇。

❹ 三件單品都是圖案
除非你有絕佳的服飾搭配天賦，否則請避免西裝、襯衫、領帶同時出現明顯的圖案，如此搭配實在是太冒險了。

第*34*堂

肩膀以上30公分是形象必爭之地

　　一對戀人面對面的吃飯，男人點了一份牛排，女人則是小口小口的咀嚼著美味的魚排，兩人喝著紅酒，看著彼此的臉，眼睛充滿濃烈的情感。此時，男人切了一塊牛排大口吞下，顯示他的豪邁氣概，他侃侃而談今天完成多大一筆訂單，老闆如何嘉獎，年終獎金又可以領多少等等；女人卻一直盯著他的嘴角，終於忍不住說：

　　「你嘴巴邊……有一坨牛油！」

　　這是一則相聲的笑話，可以想像的是，美麗的氣氛當下就被那一坨牛油破壞殆盡。

　　不只是情侶，我們和任何人交談或是面對面，只要彼此

的距離縮短為100公分時，你會發現眼睛多半停留在對方「肩上30公分」之處。你能清楚地看到對方的臉，你的注意力會因他的鼻毛露出來、嘴巴上留有殘渣，以及鏡片上的指紋或髒汙，而受到影響。「肩上30公分」的形象細節，通常留給對方最深刻的印象；所以不論是在職場上、情場上或跟朋友會面，都要好好照顧「肩上30公分」，不要讓旁枝末節破壞了整體印象的價值。

「肩上30公分」的形象三提綱

❶ 髮型是人的第二張臉

　　髮型絕對是印象的關鍵，對形象的決定性或影響力有時甚至高於服裝與配件。雖然不一定能做到讓髮型為我們加分，不過絕對不能扣分：

☐ 不遮頭蓋面：在心理學上，眼睛具有直接傳達訊息的功能，如果頭髮遮住了眼睛，也就遮住了說話者要傳遞的訊息。男性的瀏海長度絕不要超過額頭的一半。

☐ 不油、不塌：有蓬鬆感且乾淨的頭髮才有精神，油的髮型會顯膩、顯老氣；塌的髮型則會使整個人臉部與身體的線條下垂，例如：突顯皺紋、法令紋或肌肉鬆垮。

☐ 不焦、不毛、不分岔：觀人的方式之一是從頭髮的光澤度看健康與自我照料是否良好。一旦髮質有毛燥現象，就會

讓人感覺沒有精神，甚至聯想到身體不健康。更甚者，從心理學角度，頭髮毛燥影射心理也同樣毛躁。因此，當你的髮質不夠明亮時，請趕快做保養。

❷ 眼睛上下5公分是魅力吸引帶

人在對話時通常會看著對方的眼睛，所以眉毛和眼睛一帶的清潔明亮是很重要的。面相學將兩眉之間稱為印堂，印堂一定要明亮乾淨，氣色看起來才會好。請自我檢查以下項目：

☐ 印堂乾淨無雜毛。

☐ 眉毛線條順暢不雜亂。

☐ 眼角乾淨無分泌物。

☐ 睫毛不誇張、眼妝素雅自然：誇張假睫毛或豔色眼影在職場上絕對是扣分；自然素雅乾淨的眼妝給人的印象最好。

☐ 眼鏡要乾淨：有汗漬或模糊的眼鏡只會削弱魅力。

❸ 鼻子、嘴巴到脖子是人緣帶

鼻子、嘴巴到脖子，常會不小心製造出人緣的地雷，像是鼻毛露出、嘴巴乾裂、牙齒有殘渣等。此外，男人和女人都要慎選「領型」，領型就像花萼，托起我們的臉，選擇什麼樣的花萼，就會盛開什麼樣的花朵。請定期檢查以下項目：

☐ 鼻毛、鬢角不作怪：男性的鼻毛、鬢角在修鬍鬚時請一併處理，才能給人明亮之感。

☐ 口紅不斑駁、皺紋不卡粉：進食要小心口紅掉色的情況。

□ 嘴唇保濕不乾裂：很多人到了冬天容易嘴唇乾，有時乾裂
　情況嚴重，甚至還會脫皮、掉屑，這些都會影響別人的觀
　感。

□ 領子不髒汙：男性的領子很容易髒掉，保持乾淨的領子才
　能襯托正派的氣質。

□ 耳環和項鍊不歪、不脫落：女性要常常檢查配戴的項鍊、
　耳環是否歪了、扣環是否鬆脫、顏色有無掉漆、碎鑽是否
　有掉落等。

before　　　　　　　　**after**

自信，是最好的首飾

相信自己永遠都可以
更好，就能體現自信
迷人的魅力能量，編
織出悅耳動聽的旋
律。

就是要「顧面子」

不管你的年齡、性別、職位，臉一定要「亮」。除了以上三個部位，妝容、膚質也很重要；像是臉上細毛明顯的人可以定期修掉細毛，讓整張臉明亮。而女士的妝感要有透明感，且適時補妝，讓臉一整天呈現自然光澤。男性雖然不化妝，也要養成中午洗臉、每週固定去角質的習慣，讓你的膚色透出光采。

關於「顧面子」，男人可以跟女人學，女人都是這麼照顧自己的：

❶中午要洗臉：女人一到了中午就會拿吸油紙出來吸去臉上多餘的油脂，為了維持乾爽的皮膚，男人可以學女人如此做，尤其是臉容易出油的人，最好在中午再洗一次臉。

❷每天要擦面霜：現在開架式或百貨專櫃都有男士專用的面霜，針對你的皮膚挑選適合的面霜，讓你的皮膚光澤明亮。

❸別忽略了防曬：男人雖然不像女人比較容易曬傷，但是常常在外奔跑的男人，每隔二小時要補充一次防曬產品，才不會讓皮膚因為太陽長期照射而容易產生斑點或有皮膚癌的發生。

❹每週要去角質：不只是臉，連身體也需要定期去角質才能常保光滑。

❺每天要刮鬍子：有些男人鬍子長得比較快，到了晚上就會有鬍渣出現；若你晚上還有活動要參加，一定要將長出來的鬍渣刮掉。若你有留鬍子，為了維持鬍子的形狀也要定期修剪。

⑥準備護手霜：男人的手容易粗糙，建議你養成擦護手霜的習慣，在握手時，才不會有乾粗的負面印象。

⑦每月要理髮：頭髮長了就要修剪，過長的頭髮容易沒精神。

⑧香氣要單純：男人的身上千萬避免古龍水、頭髮定型液、面霜的味道全部混雜在一起的味道，香味應該要單純、淡雅，才會有魅力。

before   after

學習，讓你的創意
流向更美好的想像

室內設計師銘泉在「衣Q寶典」的課程裡，找到專屬於自己的穿衣哲學後，將設計師獨特的美學品味，鋪陳出清新典雅的時尚型男風，真是帥！

「80/20法則」
是專業魅力並重的穿著計算公式

　　電影「鐵娘子」(The Iron Lady)裡，當政黨人士鼓吹柴契爾夫人出來競選首相，而要求她拿掉象徵女性柔美的小花帽和珍珠項鍊時，她回答：「拿掉帽子我可以考慮，但是要拿掉我的珍珠項鍊，這是絕對不可能的事。」對柴契爾夫人來說，穿著全身套裝已經為她「定位」了80%的領導者權威形象；而戴著珍珠項鍊則是為她「定味」20%的個人特質，讓她能在強勢中突顯溫婉的女性特質。

　　鐵娘子的「80/20」穿衣法則，值得每位男士、女士效法。所謂的「80/20法則」就是先利用經典單品奠定80%的專業形象，再加上20%的特色單品顯示自我品味，讓專業與自我品味調和得剛剛好。因為，專業是你的說服力，自我品味則是你的魅力。

職場專業形象的80%穿衣法

❶ 款式愈經典愈專業

　　想讓自己看起來專業有分量，選擇的款式愈經典，分量

感就愈重，例如：選擇經典款的及膝窄裙比時髦的花苞裙來得專業、選擇白色襯衫比粉黃色襯衫來得專業。

❷ 皮膚包覆愈多愈專業

男人穿長袖襯衫比短袖襯衫來得正式，女士穿七分袖套裝比短袖套裝來得優雅。想要表現自己的專業感，千萬不要露出太多皮膚，露愈多，專業也就lost愈多。

❸ 有領子比沒領子專業

所謂的「領袖」，就是穿著有領子和袖子的人，會讓大家產生信任，而願意追隨他；因此，選擇有領子的衣服會比無領子的來得更穩重。

❹ 好材質讓你更顯品味

好的材質可以讓你的外表更挺、更有擔當，例如：同樣穿著西裝，選擇麻料的西裝絕對沒有毛料西裝來得專業穩重；不要懷疑，人就是會因為衣服的「重量感」而判斷這個人在心中分量的輕重。

增加個人特質的20%穿衣法

有了專業的80%元素後，剩下的20%就是展現自己的特色、個性或是當天心情的裝扮了。例如：

個性浪漫的佳人，可以選擇鬱金香裙、有荷葉邊領型的襯衫、配戴珍珠或寶石的項鍊、穿著蝴蝶結或綁帶式等充滿女性化設計的鞋子等。活潑有創意的男士，可以選擇和西裝為對比色的領帶、亮皮稍微尖款的皮鞋、時髦的髮型或較為華麗的手錶等。

不過要提醒你，強化自己個人特質的20%元素只能選擇一樣來使用，千萬不要「同時」使用在自己的身上。真正在職場成功的人士，是能適時適地拿捏精準，懂得專業與個性的平衡尺度，才能穿出得體、穿出魅力；若是過於注重自己的特色而掩蓋住應有的專業形象，那就捨本逐末、得不償失了！

look1　　　　　look2

**美麗，往往在
不經意中流洩而出**

大學時念法律系，之後成為專業理財顧問的鏡平，聰明善用小元素讓女人的套裝永遠充滿驚喜！像是利用襯衫色塊製造悠閒輕鬆感(look 1)，或是包包的流蘇能釋放青春俏皮的活力(look 2)，怎麼看都不膩。

第*36*堂

造型的答案都在自己身上

幾乎每次演講中都有人問我：「陳老師，請問我適合穿什麼顏色？」或是「陳老師，請問我適合穿什麼款式的衣服？」或是「陳老師，請問我適合戴什麼首飾？」其實答案就在你身上！

每個人的身上都擁有許多適合造型的「提醒」，只是看你會不會、懂不懂得找到它們，並且好好運用、發揮它們而已。

從身上找到最適合你的造型

❶ 頭髮顏色就是最好的線索

東方人的髮色雖然沒有像西方人那麼多元，若是仔細看，會發現我們的髮色其實都是「天生挑染」，通常不是單純的某一個顏色，而是混合著黑、深灰，或有著各式不同的咖啡色，或泛有橄欖綠的感覺，或是參差著不同的白色等。你可以觀察：哪一種顏色多到有highlight的感覺？將這個顏色萃取出來用在你的造型上，就會非常好看。例如：天然髮色

帶有紅調的咖啡色，你可以讓它重複在造型中出現，像是穿著帶紅調的咖啡色上衣或是腰帶；而已經頭髮斑白的人，穿著白色衣服或有白色印花的衣服通常都會很好看。

❷ 從眼珠發現你的顏色

　　除了頭髮的顏色之外，還可以注意看看眼珠的顏色——我有幾位客戶的瞳孔是淡淡的金咖啡色，這時穿著咖啡色系或是

帶有金色的衣服，讓他顯得特別貴氣，眼睛也特別閃耀迷人；另外，有些人的虹膜帶著明顯的一圈藍色，這時穿著藍色的單品都會好看。

❸ 在臉上找適合的款式

　　觀察五官形狀與臉型也是找到適合自己款式很棒的方法，例如：眼睛很圓的人，穿著弧形線條的衣服就好看，像是泡泡袖上衣、花苞裙洋裝等；鼻子很圓的人，多半搭配圓形錶面的手錶都會很好看。有位學員有著心型臉，非常可愛討喜，我們一起去買了一個心型墜鍊，和她的臉型相互呼應，更顯甜美。

Perfect Image 實用練習

找到造型答案──觀察自己，找出特色

☐ 我的天然髮色有哪些顏色：_____

☐ 我的瞳孔顏色：_____

☐ 我的瞳孔外圍顏色：_____

☐ 我的臉型是：_____

☐ 我的眼睛的形狀是：_____

☐ 我的鼻子的形狀是：_____

☐ 我的嘴型特色是：_____

☐ 我的皮膚狀況是：_____

☐ 我的身材狀況是：_____

☐ 我的腿的狀況是：_____

不過，前提是你必須喜歡你的臉型或五官才能這麼做，否則只會更強調你不喜歡的地方而已。

❹ 從身材發現造型元素

最後，身材特色也反映了你適合的造型元素。例如：身材瘦長的人穿著瘦長線條的服飾就很好看，而身體豐滿或有蘿蔔腿的人，穿著圓弧鞋頭的鞋子就會比尖鞋頭和諧。

探索自己，找到你的特色，就能發現穿衣的樂趣。這不是很有趣嗎？

before　　　**after**

造型的元素
都在自己的身上

遠從加拿大回臺灣上「衣Q寶典」課程的Debbie，從髮色中萃取出最醒目的「琥珀色」，重複用在衣服上，讓自然摩登的個性「跳」出來！

第37堂

和諧，就有品味

　　男士和女士穿衣哲學最大的不同是：男士的服裝演進是漸進式的，女士的服裝流行則是革命式的。

　　我曾在演講時，把二十年前的西裝與當年度的西裝圖片拿出來詢問聽眾：是否看得出兩套西裝年代的先後？有趣的是，大多數的觀眾分辨不出其中的差異。

　　正因為男士服裝的差異細微，所以對大部分男士而言，很難分辨「穿得好」與「穿不好」的差異，只能分辨「穿西裝」和「沒穿西裝」的差別；許多男士認為只要穿上西裝，就會人模人樣、體面大方，殊不知穿了不合身的西裝、或是西裝搭配缺乏品味時，所帶來的負面形象可能比沒穿西裝還要嚴重。

　　許多男士會問：「在穿衣搭配上，應該如何調整，讓自己更有品味？」我的建議是：不要「想」太多，也不要穿得太「用力」，穿出「和諧」感就好。穿出「和諧」感，自然能帶出協調感與品味。千萬不要東搭西搭，想多了，穿亂了，形象就不見了。

男士不和諧的錯誤搭配法

❶ 避免寬西裝領配窄西裝褲

　　許多男士認為西裝與西裝褲只要是同材質、同色或同色系，就可以安全無誤的搭配。事實上，即使是布料、顏色相同的西裝與西裝褲，也不一定能夠配得起來。西裝與西裝褲要呈現完美的搭配，必須掌握「寬西裝領配寬褲，窄西裝領配窄褲」的要領。如果是寬領西裝配上窄管西裝褲，或窄領西裝配上寬管西裝褲，看起來會十分彆扭。

❷ 避免寬西裝領配細領帶

　　能否掌握「西裝領的寬窄」與「領帶的寬窄」的搭配，也是隱性卻絕對左右品味好壞的關鍵之一。建議你：寬的西裝領配上寬的領帶，窄的西裝領配上窄的領帶，而領帶最寬的部分，絕對不能大於西裝領最寬處的寬度。

❸ 避免大襯衫領口配小領帶結

　　大部分男人繫領帶是：父親怎麼教打領帶結，兒子也如法炮製，忽略了領帶結必須配合襯衫領的大小，才能呈現和諧比例，亦即大襯衫領配大領帶結，小襯衫領配小領帶結。此外，襯衫領要能遮住領帶結倒三角形的上面兩個尖角，因此要以領口大小來調整領帶結的打法。一般而言，領口較大時，選擇結形大的溫莎結；反之，領口較小時，選擇結形小的四步活結搭

配;不過領帶結的打法,必須一併考量領帶的材質,譬如用厚質的領帶打四步活結,反而會比薄領帶打的溫莎結還要大。這些步驟在初始階段需要較多的嘗試練習,所以早上請多留些充足的時間,用來做領帶結與襯衫領間大小的調整,才能將整體造型搭配到位。

❹ 避免奇異顏色領帶配西裝

男人常常在選擇領帶時會突發奇想,想要來點不一樣的搭

before

after

配方式，可是失去章法的創意，往往是「亂搭」的元凶。事實
上，選擇領帶的方式很簡單，只要是西裝、襯衫上的任何顏
色，都可以當成挑選領帶顏色的依據；或者從西裝編織的線紗
顏色來挑選，也會讓整體看起來和諧一致。

⑤ 避免粗質感領帶配細質感西裝

　　領帶的質感與格調，同樣必須跟著西裝做塔配。簡言之，
就是「同性相吸」——西裝、襯衫和領帶都要盡量彼此結合相
同屬性的材質、相同格調的設計。舉例來說，夏季常穿的麻
質西裝，可以搭配棉、麻材質領帶；毛呢西裝可以搭配毛料或
針織領帶；至於高貴典雅的精梳羊毛西裝，則可搭配光澤度豐
潤、觸感滑細的純絲領帶。

❻ 避免霧皮鞋子搭配細緻西裝

　　鞋子的質感必須和穿著質感統一，才能呈現和諧美感。例如：細緻布料的西裝要搭配亮皮的鞋子，如果搭配霧皮的鞋子，會顯得不搭調。而霧皮的鞋子可以在休閒星期五的時候，搭配休閒服或毛呢西裝外套、格子西裝外套，讓你在輕鬆中又帶有正式感。

look 1

look 2

當男人處之泰然，
就能瀟灑自若

男人穿上西裝後要如何照相才好看？假裝「喬」袖口(look 1)、將雙手插口袋(look 2)，都能展現像模特兒般的時尚魅力。

第**38**堂

職場上班族的「名牌」使用指南

LV、GUCCI、CHANEL、Hermès、Prada……這些經典的百年時尚品牌，往往給人高價不可攀的印象，甚至因為媒體的炒作，被貼上了「炫富」的標籤；真是可惜了「名牌」經典的價值。

和許多百年大企業一樣，「名牌」所帶來的價值，需要經過時間洪流的考驗，更需要經得起人們嚴苛的檢視，才能創造出經典的地位。因此使用名牌不應該只著眼於它的價錢，需要更深一層的思考：你需要「名牌」嗎？你是將名牌當成個人嗜好收藏，或是情感喜愛訴求，或是工作需要？使用此名牌是單純的使你快樂？還是名牌其實是你的職場武器？……

聰明的名牌使用法

買名牌就和買車的道理一樣，「車子」可以只是代步的工具，也可以是身分品味的表徵。若將「名牌」視為一種加深自我「形象」的方式，那麼要如何使用，讓它物超所值。

❶ 讓「名牌」為你的職位升級「進點加分」

　　有位電子科技公司的高階主管想到大陸電子科技公司應徵「行銷總監」職務，依照他過去的專業才能與經歷，確實有不少公司對他產生興趣，並進行面試；但面試時相談甚歡，後續卻沒有任何消息。經由朋友介紹，我為他做了形象診斷：除了為他挑選合身挺拔的專業西裝外，還建議他配戴一只設計簡單的名貴手錶。為什麼？

before

after

因為想要融入一個行業與職位，必須先瞭解這個行業與職位的「戲服」。雖然電子科技產業予人「質樸」的感覺，但「高階行銷主管」的行頭卻需要有一些時尚、高貴卻不浮誇的元素內含其中；而質感佳的挺拔經典的西裝＋簡單有質感的手錶，正幫助了這位朋友，讓未來的老闆能想像他當上「行銷總監」的樣子，也讓他順利得到了這個職位。

　　適當的「名牌」，能為你的職位升級「進點加分」，讓你在小細節處透露出高貴的魅力，這正是「名牌」的價值之一。

❷ 讓「名牌」拉近你和客戶間的「距離」

　　常有頂尖業務員問我：「希望客戶升級，專業知識也準備好了，卻不知道要如何開始做起？」我通常會先反問他們：「你和你心目中的客戶群看起來像是同一掛的嗎？」

　　好的業務員要讓對方覺得你跟他是「同一掛」，不只是在話題上有共鳴性，身分地位更要「物以類聚」，而外表穿著品味的相似，正是讓身分地位接近的捷徑。當你們是同一族群時，客戶的潛在心理自然會產生認同感，而你也會因品牌和質感的提升，與對方相處時，信心自然湧現。「名牌」，在很多時候正是產生同理心，拉近彼此「距離」那條看不見的紅線。

❸ 讓名牌「適度的量」提高你的「優雅品味」

　　很多人將「名牌」全數披掛在身上，這個觀念已經過時落伍了。

「名牌」最好的穿搭法應該是：「名牌＋平價品」，也就是Mix & Match的時尚搭配法則。例如：你可以穿著名牌外套＋平價內搭服；或是帶著一只名牌包、穿著一雙名牌鞋；或者你也可以選擇「名牌」的名片夾、筆、記事本等小物件；或是女人的絲巾、男人的領帶、皮帶等，以「適度的量」為你帶來「優雅品味」的象徵。

　　名牌商品或許比一般商品貴，但若能常常使用，以成本計算是非常划得來的。更何況只要穿戴好看，名牌商品為你帶來額外的信心價值、品味價值等，是很物超所值的。現在，可以試著聰明計畫你的第一件「名牌」囉！

before　　　　　　**after**

Perfect Image 實用練習

聰明「名牌」採購法

想要採購你的第一件「名牌」嗎？先閱讀完以下準則再行動：

❶商標(logo)字體不宜過大：除非你天生適合穿戴誇張的服飾，
否則斗大的logo對個人形象非但不會加分，更有可能減分。

❷盡量不選「大眾款」：購買前不妨先觀察，避免撞衫、撞包的
尷尬。若是有出國的機會，也可以去其他國家看看，因為每個
國家代理商採購的東西不一樣，花點時間，就有可能找到夢寐
以求的單品。

❸流行款在剛上市就要買：名牌分成經典款與流行款，若是購買
流行款，最好是在一上市就採買，不僅說明你的時尚敏感度，
穿戴的時間也能享受最長的時限；若是季末才買，穿戴時效
短，反而浪費了流行的熱度。

❹預算有限，可從配飾或簡單的單品下手：先從單價較低的配
件、飾品，或者簡單的單品買起，這也是練習搭配的好機會
喔！

❺堅持不用仿冒品：真品和贗品，即使差別只有一點點，也足以
把品味和質感從天堂打下地獄。

知識，提升男士的優雅品味，創造鮮明獨特的形象識別。這些紳士們成功了，你也可以！

後記

成為職場明星，現在就是時候！

常有學員問我：「專業的形象管理顧問和一般造型師有什麼不同？」其實兩者之間最大的差別在於：造型師擅長於告訴你要如何穿，才能跟得上流行、時尚，才會好看；而專業的形象管理顧問更在乎你穿什麼、戴什麼，幫助你在各種應對進退、待人接物的場合裡順利地完成使命。

也許穿著流行時尚，可以實現你一直以來的夢想；但是穿著流行時尚，絕對無法讓你成為職場中的「明星」。

NBA籃球小子林書豪，在尚未成名時，努力在場中自我練習，默默儲備實力；但他的心中一定已經為自己預演了「NBA明星」的願景圖，他就是以這個美麗的願景為目標，努力再努力，也讓自己不斷練習「當明星」時的場上表現與打球技巧。因此，當機會來臨時，他沒有刻意去爭取，而是教練在那麼多板凳球員裡「自然」想到他的「明星味」，派他上場造就了遲遲不滅的「Linsanity」旋風。

這就是「形象管理」很重要的「潛移默化」，也就是讓你在「不說話」的情況下發揮強大image力量。想想：在商場如戰場的今天，你的實力如何「被看見」是致勝的關鍵因素。有些人習慣「等待」被看見，但是成功的人會懂得利用好的形象，而「自然」被看見；二者的差別在於：前者的生命由人主宰，後者的生命是自己主宰。對於身處二十一世紀，想在職場成為明星的你，會做什麼樣的抉擇？

引起熱烈討論、創造高收視的偶像劇「犀利人妻」女主角謝安真，在歷經了被丈夫拋棄、被小三羞辱、毫無尊嚴的生活後，經由貴人對其形象的大改造，重新找回自我與自信；當她看見更燦爛的自己時，她說：「甜美的時刻，我不需要等別人給我，我可以自己去創造。」

　　現在，正是你創造自己「被看見」的機會，「學習」正是改變自己最好的方式；從事形象管理工作十六年，有太多的學員和我分享：每個人一生一定要為自己上一次「衣Q寶典」的課程，只要學習完這門課，就能為自己帶來三件禮物：

禮物一：你因為更瞭解自己，而更懂得愛自己。

禮物二：你因為更瞭解自己，而在職場上一路順遂。

禮物三：你因為更瞭解自己，從此一生都將充滿美麗、魅力、品味與自信。

　　每個人的職業生涯頂多五十年，過去也許因為沒有管道而失去改變自己的機會，但是現在的你，如果不想再浪費時間，想從小資族步步高升、想開業當老闆、想成為服務金字塔頂端的Top Sales、想在自己的專業領域上成為佼佼者，成為最閃亮的明星，現在就是重要的時刻！你可以現在、立即、馬上就為自己做修正，機會總是一瞬即過，能預先做好準備的人，成功的機會就會加倍！

致 謝

《穿對，更成功──38堂形象美學課讓你工作無往不利》的誕生，
絕非我一個人的力量能完成，
而是一群親愛的夥伴，
將眼睛所看見的美，無私分享的成果。

感謝時報文化從企畫、構想、編輯、設計、出版
到行銷的真知遠見與動員；

感謝孝儀、宛馨、玫宜、宣婷、祖銘、珮羽、毓慧，
將服飾排列成秀實並存的造型；
感謝家鈺繪製清晰易懂的領帶結打法；
感謝覲楀行筆整理出條理分明的文字；

最後，要感謝學員們熱情參與
並提供最寶貴的經驗與現身說法；
當然，還有我摯愛的家人和貼心的同事全心的支持。

特別致謝

圖片素材提供夥伴（按筆畫順序排列）

FEDE
JAMEI CHEN
J&NINA
JORYA
TOPPY服飾
卓業服飾有限公司

其餘圖片由Perfect Image陳麗卿形象管理學院提供

Life系列 012

穿對，更成功——38堂形象美學課讓你工作無往不利

作　　　者—陳麗卿
文 字 整 理—廖覲橚
攝　　　影—林敬原
插　　　圖—鄒家鈺
主　　　編—顏少鵬
責 任 編 輯—邱憶伶
美 術 設 計—柯明鳳

總　編　輯—李采洪
董　事　長—趙政岷
出　版　者—時報文化出版企業股份有限公司
　　　　　　108019台北市和平西路三段二四〇號三樓
　　　　　　發行專線—（〇二）二三〇六六八四二
　　　　　　讀者服務專線—〇八〇〇二三一七〇五·（〇二）二三〇四七一〇三
　　　　　　讀者服務傳真—（〇二）二三〇四六八五八
　　　　　　郵撥—19344724 時報文化出版公司
　　　　　　信箱——〇八九九臺北華江橋郵局第九九信箱
時報悅讀網—http://www.readingtimes.com.tw
讀者服務信箱—newlife@readingtimes.com.tw
時報出版愛讀書者粉絲團—http://www.facebook.com/readingtimes.2
法律顧問—理律法律事務所 陳長文律師、李念祖律師
印　　　刷—和楹印刷有限公司
初版一刷—二〇一二年七月二十日
初版五刷—二〇二〇年十月二十七日
定　　　價—新台幣三六〇元
（若有缺頁或破損，請寄回更換）

穿對，更成功：38堂形象美學課讓你工作無往不利／陳麗卿著.
--初版.--臺北市：時報文化, 2012.07
　　面；　公分. -- (Life；12)
　ISBN 978-957-13-5608-2(平裝)
　1.衣飾　2.形象

　423　　　　　　　　　　　101012743

ISBN 978-957-13-5608-2
Printed in Taiwan

衣Q寶典
一生必上一次的個人魅力課程

美國管理學者畢德士：「21世紀的工作生存法則就是建立個人品牌。」

找到你的「魅力使用說明書」實務步驟：

檢測你的魅力色彩
找到讓你天天容光煥發的魅力顏色

專屬於你的【魅力色卡】，從此再也不會擔心買錯衣服顏色

↓

穿出你的黃金身材比例
瞭解自己的身材特色，修飾身材更有魅力

瞭解你的【身材類別】，從此買對適合自己的款式

↓

解析個人風格密碼
解析你的風格定位，以魅力單品妝點個人形象

為你而寫的【風格建言書】，從此輕易塑造自己的風格

↓

整體造型搭配秘訣
整合色彩款式風格特色，實地演練各種魅力造型

為你留下【造型前後照片】，從此快樂玩造型

↓

建立精簡實用衣櫥
建立12件30種穿衣觀念，輕鬆管理你的魅力衣櫥

列出你的【採購清單】，從此成為聰明的消費高手

↓

個人品牌建立
整合生涯規劃，建立你的穿衣習慣與魅力形象識別

訂定【個人形象Slogan】，從此做自己最有魅力

↓

形象調整諮詢
課後追蹤與練習，為每一個階段的你做好全方位的魅力準備

專屬於你的【形象顧問】，從此成為一生的形象好友

Perfect Image陳麗卿形象管理學院

魅力諮詢電話：+886-2-27071570 台北市大安區敦化南路一段263號6樓-1
魅力網站：www.perfect-image.com.tw 魅力Facebook：http://www.facebook.com/perfectimage.com.tw

讀者獨享專屬課程優惠方案

NT$500

【衣Q寶典】課程

憑本券報名【衣Q寶典】課程,可享有500元學費減免優惠。課程優惠期限至2012年12月31日止。

為你找出魅力使用説明書,找出專屬於你的色彩、款式、風格與搭配公式。從整體商務形象、個人魅力方法、各種場合的得體穿著、到國際形象十大檢測,全方位打造你無可取代的個人品牌。

NT$500

【口語表達】課程

憑本券報名【口語表達】課程,可享有500元學費減免優惠。課程優惠期限至2012年12月31日止。

找出你的個人口語表達特色,針對你的音頻語調、肢體表達、手勢眼神做調整,使你充分掌握無法取代的表達特質,全面提升個人溝通簡報能力。

NT$500

【表禮如儀】課程

憑本券報名【表禮如儀】課程,可享有500元學費減免優惠。課程優惠期限至2012年12月31日止。

結合商場禮儀、社交禮儀與儀態訓練的21世紀時尚禮儀課程。針對個人特性與風格做個人的眼神、表情、姿態的訓練與調整,創造屬於你的完美時尚禮儀。

NT$500

【個人形象管理顧問培訓】課程

憑本券報名【個人形象管理顧問培訓】課程,可享有500元學費減免優惠。課程優惠期限至2012年12月31日止。

你想成為為別人分析「皮膚色彩屬性」的專家嗎?你想開始為別人診斷款式、風格,並且做整體搭配嗎?讓我們幫助你成為自己或他人的形象醫生,創造一份屬於自己的魅力事業。

Perfect Image陳麗卿形象管理學院

魅力諮詢電話:+886-2-27071570 台北市大安區敦化南路一段263號6樓-1

魅力網站:www.perfect-image.com.tw 魅力Facebook:http://www.facebook.com/perfectimage.com.tw